Imagine Infinite!

창의영재수학

아이앤아이

영재들의 수학여행

Math Travel

입문 초등 1~3학년

D 규칙성 / 대만편

창의영재수학

아이앤아이

영재들의 수학여행

Math Travel

01 수학 여행 테마로 수학 사고력 활동을 자연스럽게 이어갈 수 있도록 하였습니다.

02 키즈 – 입문 – 초급 – 중급 – 고급으로 이어지는 단계별 창의 영재 수학 학습 시리즈입니다.

03 각 챕터마다 기초 – 심화 – 응용의 문제 배치로 쉬운 것부터 차근차근 문제해결력을 향상시킵니다.

04 각종 수학 사고력, 창의력 문제, 지능검사 문제, 대회 기출 문제 등을 체계적으로 정밀하게 다듬어 정리하였습니다.

05 과학, 음악, 미술, 영화, 스포츠 등에 관련된 융합형(STEAM) 수학 문제를 흥미롭게 다루었습니다.

06 보충학습/과제는 워크북(G)을 활용하세요.

창의영재가 되어볼까?

교재 구성

키즈 (6세 7세 초1)

A (수)	B(연산)	C(도형)	D (측정)	E (규칙)	F (문제해결력)	G (워크북)
수와 숫자 수 비교하기 수 규칙 수 퍼즐	가르기와 모으기 덧셈과 뺄셈 식 만들기 연산 퍼즐	평면도형 입체도형 위치와 방향 도형 퍼즐	길이와 무게 비교 넓이와 들이 비교 시계와 시간 부분과 전체	패턴 이중 패턴 관계 규칙 여러 가지 규칙	모든 경우 구하기 분류하기 표와 그래프 추론하기	수 연산 도형 측정 규칙 문제해결력

입문 (초1~3)

A(수와 연산)	B(도형)	C(측정)	D (규칙)	E (자료와 가능성)	F (문제해결력)	G (워크북)
수와 숫자 조건에 맞는 수 수의 크기 비교 합과 차 식 만들기 벌레 먹은 셈	평면도형 입체도형 모양 찾기 도형 나누기와 움직이기 쌓기나무	길이 비교 길이 재기 넓이와 들이 비교 무게 비교 시계와 달력	수 규칙 여러 가지 패턴 수 배열표 암호 새로운 연산 기호	경우의 수 리그와 토너먼트 분류하기 그림 그려 해결하기 표와 그래프	문제 만들기 주고 받기 어떤 수 구하기 재치있게 풀기 추론하기 미로와 퍼즐	수와 연산 도형 측정 규칙 자료와 가능성 문제해결력

초급 (초3~5)

A(수와 연산)	B(도형)	C(측정)	D (규칙)	E (자료와 가능성)	F (문제해결력)
수 만들기 수와 숫자의 개수 연속하는 자연수 가장 크게, 가장 작게 도형이 나타내는 수 마방진	색종이 접어 자르기 도형 붙이기 도형의 개수 쌓기나무 주사위	길이와 무게 재기 시간과 들이 재기 덮기와 넓이 도형의 둘레 원	수 패턴 도형 패턴 수 배열표 새로운 연산 기호 규칙 찾아 해결하기	가짓수 구하기 리그와 토너먼트 금액 만들기 가장 빠른 길 찾기 표와 그래프(평균)	한붓 그리기 논리 추리 성냥개비 다른 방법으로 풀기 간격 문제 배수의 활용

중급 (초4~6)

A(수와 연산)	B(도형)	C(측정)	D (규칙)	E (자료와 가능성)	F (문제해결력)
복면산 수와 숫자의 개수 연속하는 자연수 수와 식 만들기 크기가 같은 분수 여러 가지 마방진	도형 나누기 도형 붙이기 도형의 개수 기하판 정육면체	수직과 평행 다각형의 각도 접기와 각 붙여 만든 도형 단위 넓이의 활용	규칙성 찾기 도형과 연산의 규칙 규칙 찾아 개수 세기 교점과 영역 개수 수 배열의 규칙	경우의 수 비둘기집 원리 최단 거리 만들 수 있는, 없는 수 평균	논리 추리 님 게임 강 건너기 창의적으로 생각하기 효율적으로 생각하기 나머지 문제

고급 (초6~중등)

A(수와 연산)	B(도형)	C(측정)	D (규칙)	E (자료와 가능성)	F (문제해결력)
연속하는 자연수 배수 판정법 여러 가지 진법 계산식에 써넣기 조건에 맞는 수 끝수와 숫자의 개수	입체도형의 성질 쌓기나무 도형 나누기 평면도형의 활용 입체도형의 부피, 겉넓이	시계와 각도 평면도형의 활용 도형의 넓이 거리, 속력, 시간 도형의 회전 그래프 이용하기	암호 해독하기 여러 가지 규칙 여러 가지 수열 연산 기호 규칙 도형에서의 규칙	경우의 수 비둘기집 원리 입체도형에서의 경로 영역 구분하기 확률	홀수와 짝수 조건 분석하기 다른 질량 찾기 뉴튼산 작업 능률

책의 구성과 활용

단원들어가기

친구들의 수학여행(Math Travel)과 함께 단원이 시작됩니다. 여행지에서 수학문제를 발견하고 창의적으로 해결해 나갑니다.

아이앤아이 수학여행 친구들

전 세계 곳곳의 수학 관련 문제들을 풀며 함께 세계여행을 떠날 친구들을 소개할게요!

무우

팀의 맏리더. 행동파 리더.

에너지 넘치는 자신감과 무한 긍정으로 팀원에게 격려와 응원을 아끼지 않는 팀의 맏형, 솔선수범하는 믿음직한 해결사예요.

상상

팀의 챙김이 언니, 아이디어 뱅크.

감수성이 풍부하고 공감력이 뛰어나 동생들의 고민을 경청하고 챙겨주는 맏언니예요.

알알

진지하고 생각많은 똘똘이 알알이.

겁 않고 부끄럼 않고 소심하지만 관찰력이 뛰어나고 생각 깊은 아이에요. 야무진 성격을 보여주는 알밤머리와 주근깨 가득한 통통한 볼이 특징이에요.

제이

궁금한게 많은 막내 엉뚱이 제이.

엉뚱한 질문이나 행동으로 상대방에게 웃음을 주어요. 주위의 것을 놓치고 싶지 않은 장난기가 가득한 매력덩어리입니다.

단원살펴보기

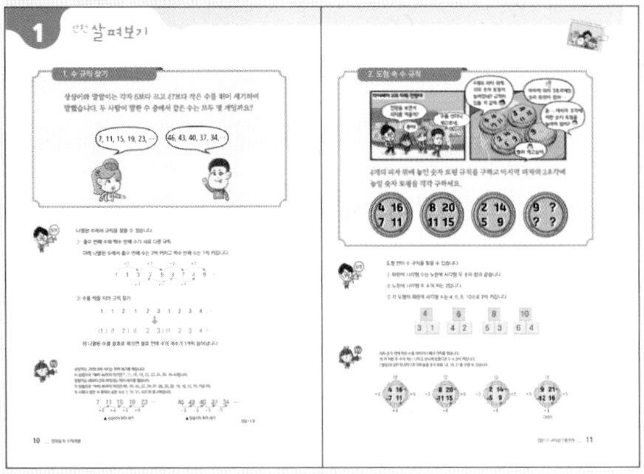

단원의 주제되는 내용을 정리하고 '궁금해요' 문제를 풀어봅니다.

대표문제

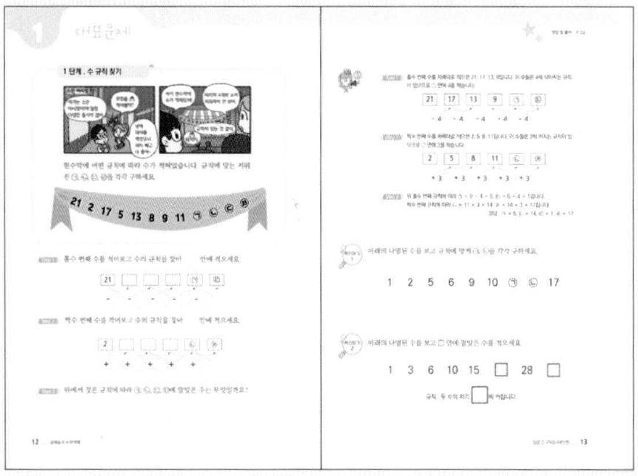

대표되는 문제를 단계적으로 해결하고 '확인하기' 문제를 풀어봅니다.

연습문제

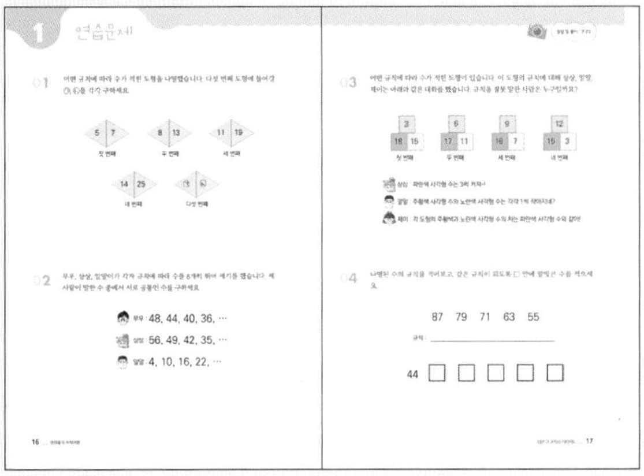

단원살펴보기 및 대표문제에서 익힌 내용을 알차게 구성된 사고력 문제를 통해 점검하며 주제에 대한 탄탄한 기본기를 다집니다.

심화문제

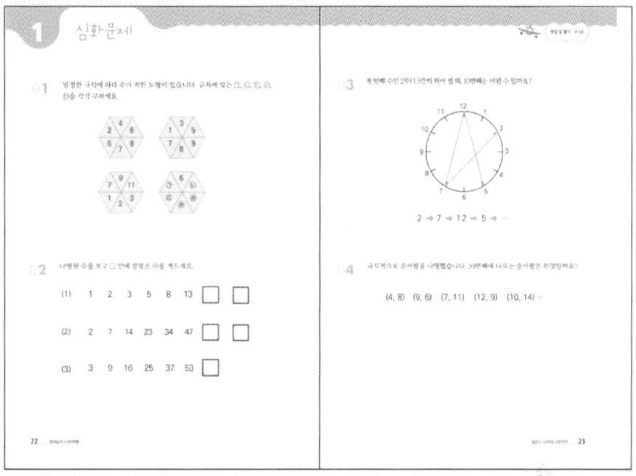

단원에 관련된 문제의 이해와 응용력을 바탕으로 창의적 문제 해결력을 기릅니다.

창의적문제해결수학

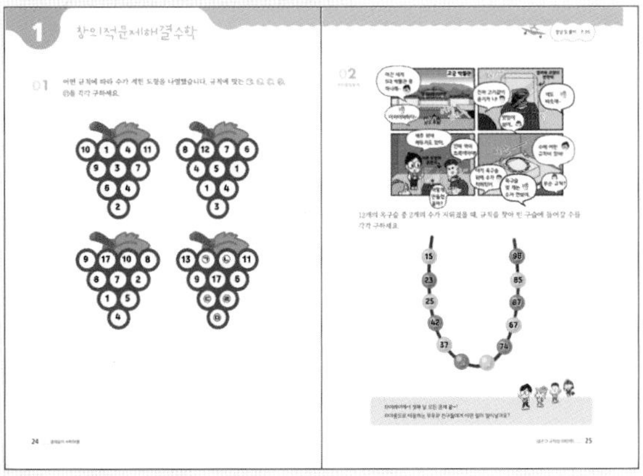

창의력 응용문제, 융합문제를 풀며 해당 단원 문제에 자신감을 가집니다.

정답 및 풀이

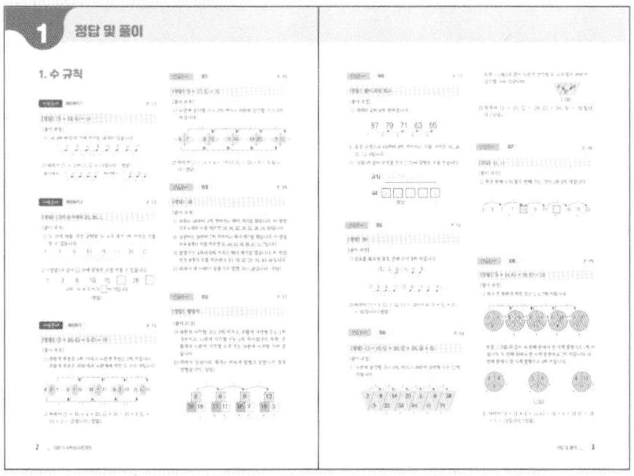

상세한 풀이과정과 함께 수학적 사고력을 완성합니다.

차례
CONTENTS

꽃잎 수?

식물원에 도착한 무우와 친구들
우와~
다양한 꽃이 많이 있는 식물원이야!
향기로워~
이 꽃의 꽃잎은 3장, 저 꽃은 5장..
어? 저 꽃의 꽃잎은 8장인데?
저 꽃의 꽃잎은 13장이야~ 많다~
하나~ 둘~
너희들이 센 꽃잎들의 수를 배열해 봐!
3장, 5장, 8장, 13장인데?
흠~?
앞의 두 수를 더하면, 다음 수가 나오지?
5 + 8
3 5 8 13
3 + 5
신기하네!
아하~

3, 5, 8, 13, 21, … "피보나치 수열"입니다.

1. 수 규칙

타이베이에 도착한 친구들
여긴 대만의 수도야~!
여기 무슨 유명한 타워가 있다는데?
맞아! 우리 거기 가자.
타이베이 101 타워
와~
세계에서 10번째로 높은 건물이야!
엄청 커보여~ 전망대 가고 싶어!
들어가 보자.
우쭐~
초고속 엘리베이터를 탈거야~ 멀미 안나게 조심해!
금방 도착 하겠네~
오...
7, 11, 15, 19, 23 …
46, 43, 40, 37, 34 …
둘이서 뭐 해?
??

타이베이★
대만
Taiwan

대만 첫째 날 DAY 1

무우와 친구들은 대만에 도착한 첫째 날, 타이베이에 도착했어요. 타이베이에 있는 <타이베이 101타워>, <스린 야시장>, <고궁 박물관>을 여행할 예정이에요. 자, 그럼 먼저 <타이베이 101타워>로 출발해 볼까요?

1. 수 규칙 찾기

상상이와 알알이는 각자 6보다 크고 47보다 작은 수를 뛰어 세기하여 말했습니다. 두 사람이 말한 수 중에서 같은 수는 모두 몇 개일까요?

설명

나열된 수에서 규칙을 찾을 수 있습니다.

① 홀수 번째 수와 짝수 번째 수가 서로 다른 규칙

아래 나열된 수에서 홀수 번째 수는 2씩 커지고 짝수 번째 수는 1씩 커집니다.

+2 +2 +2 +2

1 1 3 2 5 3 7 4 9 ⋯

+1 +1 +1

② 수를 짝을 지어 규칙 찾기

1 1 2 1 2 3 1 2 3 4 ⋯

↓

(1) (1 2) (1 2 3) (1 2 3 4)⋯

위 나열된 수를 괄호로 묶으면 괄호 안에 수의 개수가 1개씩 늘어납니다.

정답

상상이는 7부터 4씩 커지는 뛰어 세기를 했습니다.
이 방법으로 7부터 46까지 적으면 7, 11, 15, 19, 23, 27, 31, 35, 39, 43입니다.
알알이는 46부터 3씩 작아지는 뛰어 세기를 했습니다.
이 방법으로 7부터 46까지 적으면 46, 43, 40, 37, 34, 31, 28, 25, 22, 19, 16, 13, 10, 7입니다.
두 사람이 말한 수 중에서 같은 수는 7, 19, 31, 43으로 총 4개입니다.

7 11 15 19 23 ⋯

+4 +4 +4 +4

▲ 상상이의 뛰어 세기

46 43 40 37 34 ⋯

−3 −3 −3 −3

▲ 알알이의 뛰어 세기

정답 : 4개

2. 도형 속 수 규칙

타이베이 101 타워 전망대
전망을 보면서 피자를 먹을까?
좋아!
수를 셌더니 배고프네..
꼬르륵~
4개의 피자 위에 각각 숫자 토핑이 놓여있네? 규칙이 있을 거 같아.
마지막 피자 3조각에는 숫자 토핑이 없어….
음…. 마지막 조각에 어떤 숫자 토핑을 놓아야 할까?
짜잔
빨리 먹고싶어.

4개의 피자 위에 놓인 숫자 토핑 규칙을 구하고 마지막 피자의 3조각에 놓일 숫자 토핑을 각각 구하세요.

4 16
7 11
8 20
11 15
2 14
5 9
9 ?
? ?

설명

도형 안의 수 규칙을 찾을 수 있습니다.

① 파란색 사각형 수는 노란색 사각형 두 수의 합과 같습니다.

② 노란색 사각형 두 수의 차는 2입니다.

③ 각 도형의 파란색 사각형 수는 4, 6, 8, 10으로 2씩 커집니다.

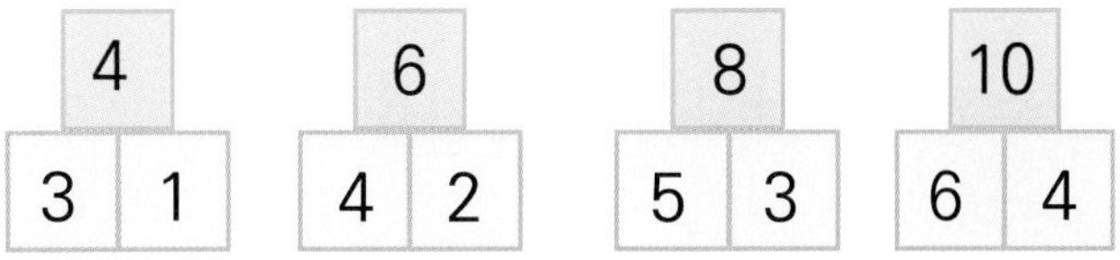

4
3 1
6
4 2
8
5 3
10
6 4

정답

피자 조각 안에 적힌 수를 더하거나 빼서 규칙을 찾습니다.
맨 위 적힌 두 수의 차는 12이고 반시계 방향으로 3, 4, 5씩 커집니다.
〈정답〉과 같이 마지막 3조각에 놓을 숫자 토핑 12, 16, 21을 구할 수 있습니다.

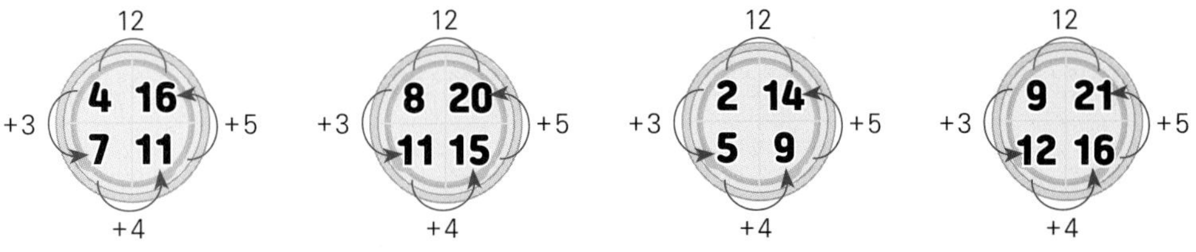

12
+3 4 16 +5
7 11
+4
12
+3 8 20 +5
11 15
+4
12
+3 2 14 +5
5 9
+4
12
+3 9 21 +5
12 16
+4

〈정답〉

1 단계 . 수 규칙 찾기

스린 야시장
여기는 스린 야시장이야! 엄청 다양한 음식이 많아.
무엇을 먹어볼까?
낮에 피자를 먹었으니 피자 빼고 다 좋아~
저기 현수막에 수가 적혀있어!
마지막 4개의 수가 지워져서 안 보여.
규칙이 있는 것 같아.
뭐먹지..

현수막에 어떤 규칙에 따라 수가 적혀있습니다. 규칙에 맞는 지워진 ㉠, ㉡, ㉢, ㉣을 각각 구하세요.

21 2 17 5 13 8 9 11 ㉠ ㉡ ㉢ ㉣

Step 1 홀수 번째 수를 적어보고 수의 규칙을 찾아 ◯ 안에 적으세요.

21 □ □ □ ㉠ ㉢

-◯ -◯ -◯ -◯ -◯

Step 2 짝수 번째 수를 적어보고 수의 규칙을 찾아 ◯ 안에 적으세요.

2 □ □ □ ㉡ ㉣

+◯ +◯ +◯ +◯ +◯

Step 3 위에서 찾은 규칙에 따라 ㉠, ㉡, ㉢, ㉣에 알맞은 수는 무엇일까요?

Step 1 홀수 번째 수를 차례대로 적으면 21, 17, 13, 9입니다. 이 수들은 4씩 작아지는 규칙이 있으므로 ○ 안에 4를 적습니다.

21 → 17 → 13 → 9 → ㉠ → ㉢

-4 -4 -4 -4 -4

Step 2 짝수 번째 수를 차례대로 적으면 2, 5, 8, 11입니다. 이 수들은 3씩 커지는 규칙이 있으므로 ○ 안에 3을 적습니다.

2 → 5 → 8 → 11 → ㉡ → ㉣

+3 +3 +3 +3 +3

Step 3 위 홀수 번째 규칙에 따라 ㉠ = 9 − 4 = 5, ㉢ = 5 − 4 = 1입니다.
짝수 번째 규칙에 따라 ㉡ = 11 + 3 = 14, ㉣ = 14 + 3 = 17입니다.

정답 : ㉠ = 5, ㉡ = 14, ㉢ = 1, ㉣ = 17

확인하기 1 아래의 나열된 수를 보고 규칙에 맞게 ㉠, ㉡을 각각 구하세요.

1 2 5 6 9 10 ㉠ ㉡ 17

확인하기 2 아래의 나열된 수를 보고 □ 안에 알맞은 수를 적으세요.

1 3 6 10 15 □ 28 □

규칙 : 두 수의 차가 □ 씩 커집니다.

2 단계 . 도형 속 수 규칙

어떤 규칙에 따라 도형 안에 수가 적혀있습니다. 규칙에 맞는 ㉠, ㉡, ㉢을 각각 구하세요.

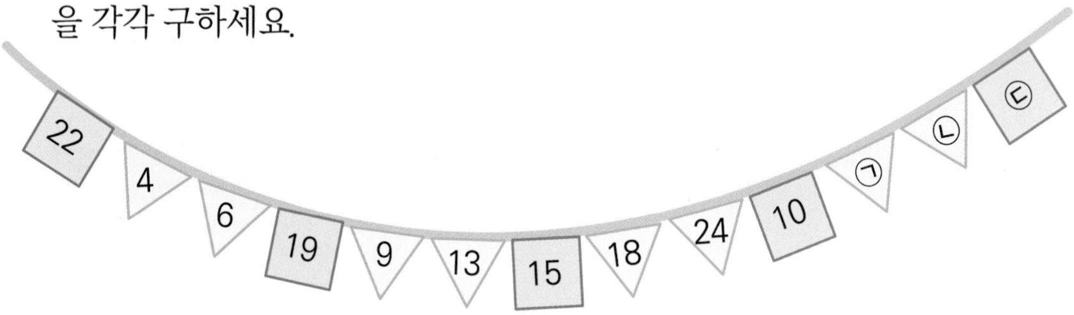

Step 1 ▽ 안에 적힌 수를 써 보고, 수의 규칙을 찾아 ○ 안에 적으세요.

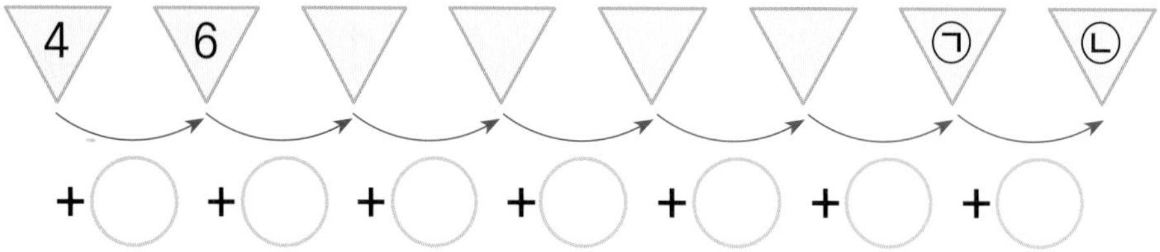

Step 2 □ 안에 적힌 수를 써 보고, 수의 규칙을 찾아 ○ 안에 적으세요.

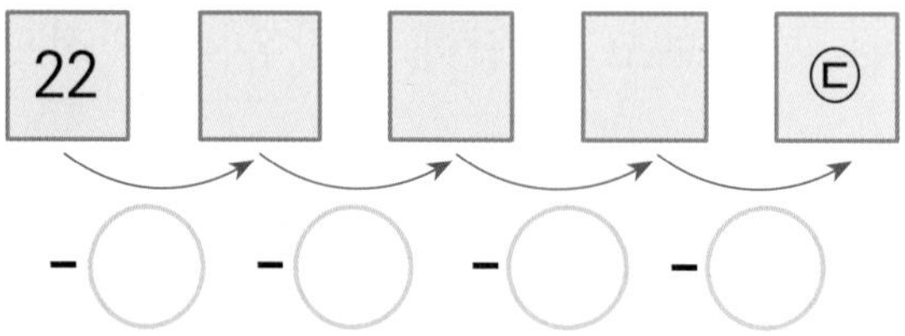

Step 3 위에서 찾은 규칙에 따라 ㉠, ㉡, ㉢, ㉣에 알맞은 수는 무엇일까요?

Step 1 ▽ 안에 적힌 수를 차례대로 적으면 4, 6, 9, 13, 18, 24입니다. 이 수들은 2, 3, 4, 5, 6, 7, 8씩 커지는 규칙이 있으므로 ○ 안에 차례대로 적습니다.

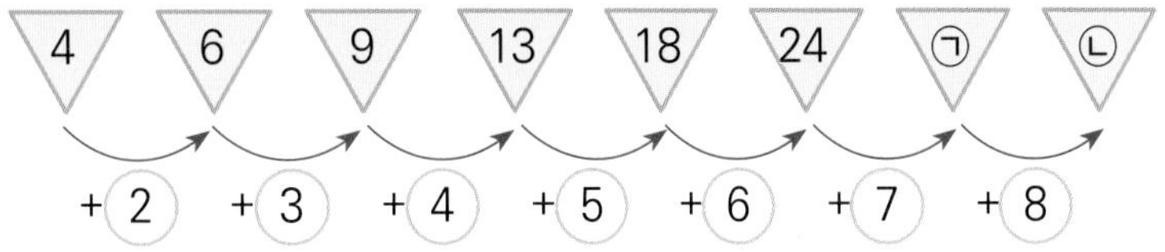

Step 2 □ 안에 적힌 수를 차례대로 적으면 22, 19, 15, 10입니다.
이 수들은 3, 4, 5, 6 씩 작아지는 규칙이 있으므로 ○ 안에 3, 4, 5, 6을 차례대로 적습니다.

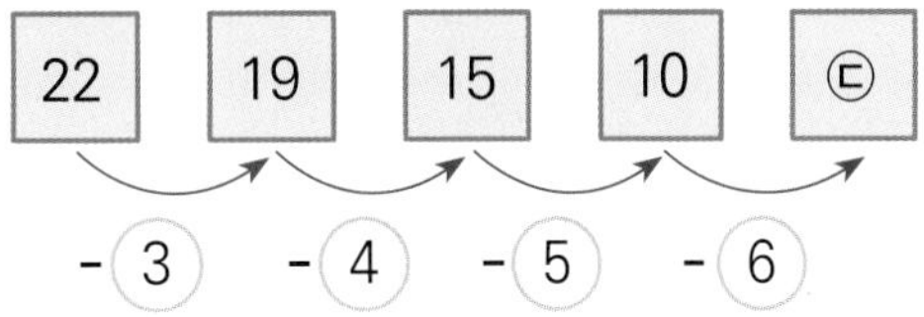

Step 3 위 ▽ 규칙에 따라 ㉠ = 24 + 7 = 31, ㉡ = 31 + 8 = 39입니다.
위 □ 규칙에 따라 ㉢ = 10 − 6 = 4입니다.

정답 : ㉠ = 31, ㉡ = 39, ㉢ = 4

확인하기 어떤 규칙에 따라 수가 적힌 도형을 나열했습니다. 다섯 번째 도형에 들어갈 ㉠, ㉡, ㉢을 각각 구하세요.

1 연습문제

01 어떤 규칙에 따라 수가 적힌 도형을 나열했습니다. 다섯 번째 도형에 들어갈 ㉠, ㉡을 각각 구하세요.

02 무우, 상상, 알알이가 각자 규칙에 따라 수를 8개씩 뛰어 세기를 했습니다. 세 사람이 말한 수 중에서 서로 공통인 수를 구하세요.

 무우 : 48, 44, 40, 36, ⋯

 상상 : 56, 49, 42, 35, ⋯

 알알 : 4, 10, 16, 22, ⋯

03 어떤 규칙에 따라 수가 적힌 도형이 있습니다. 이 도형의 규칙에 대해 상상, 알알, 제이는 아래와 같은 대화를 했습니다. 규칙을 잘못 말한 사람은 누구일까요?

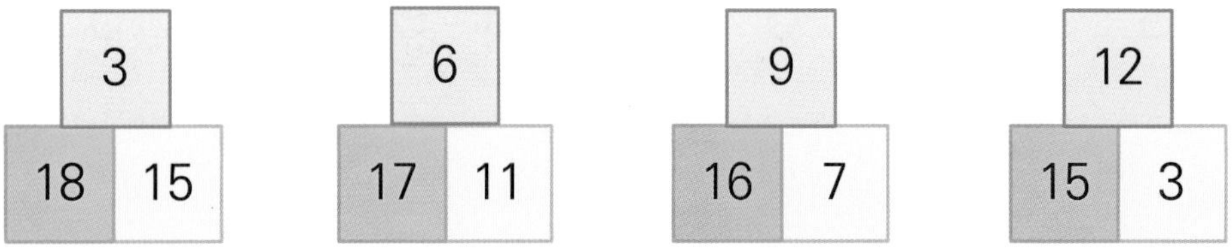

첫 번째 두 번째 세 번째 네 번째

상상 : 파란색 사각형 수는 3씩 커져~!

알알 : 주황색 사각형 수와 노란색 사각형 수는 각각 1씩 작아지네?

제이 : 각 도형의 주황색과 노란색 사각형 수의 차는 파란색 사각형 수와 같아!

04 나열된 수의 규칙을 적어보고, 같은 규칙이 되도록 □ 안에 알맞은 수를 적으세요.

87 79 71 63 55

규칙 : ______________________

44 □ □ □ □ □

1 연습문제

05 나열된 수를 보고 ㉠ + ㉡ + ㉢의 계산 결과를 구하세요.

3 3 6 3 6 9 3 6 9 12 3 6 ㉠ ㉡ ㉢

06 어떤 규칙에 따라 수가 적힌 도형을 나열했습니다. 규칙에 맞는 ㉠, ㉡, ㉢, ㉣을 각각 구하세요.

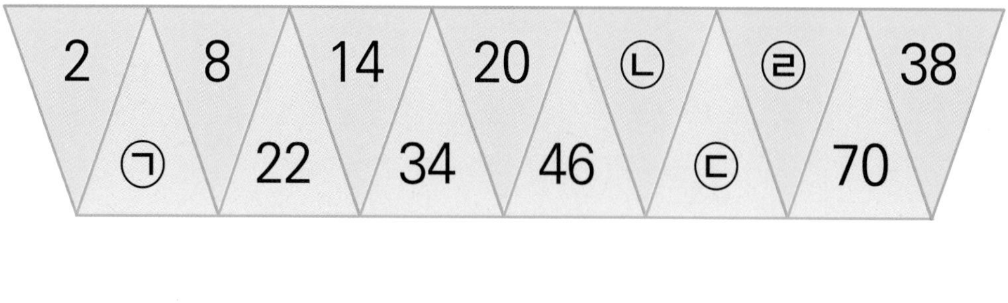

07 나열된 수를 보고 □ 안에 알맞은 수를 적으세요.

3 5 7 7 □ 9 15 □ 19 13 23

08 어떤 규칙에 따라 수가 적힌 도형을 나열했습니다. 다섯 번째 도형에 들어갈 ㉠, ㉡, ㉢을 각각 구하세요.

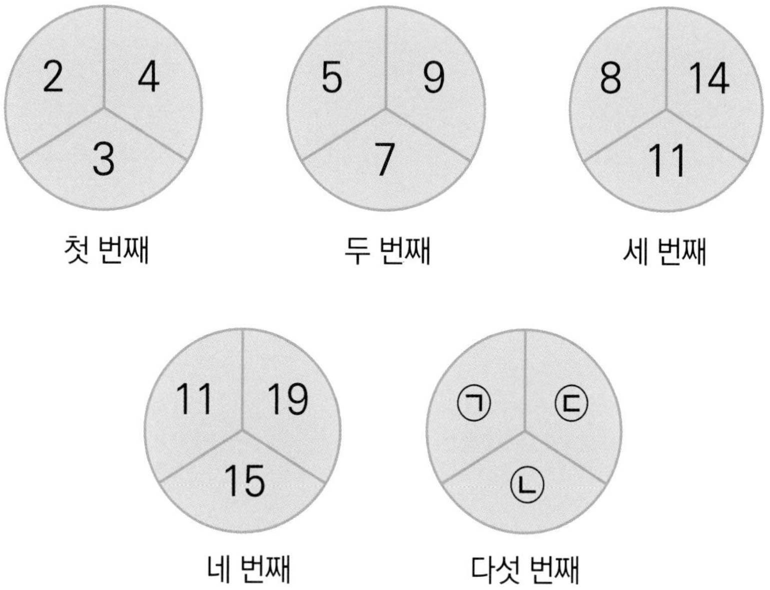

09 나열된 수를 보고 □ 안에 알맞은 수를 적으세요.

3　6　12　21　□　48　66　□　111

10 일정한 규칙에 따라 수가 적힌 도형이 있습니다. 규칙에 맞는 ㉠, ㉡, ㉢을 각각 구하세요.

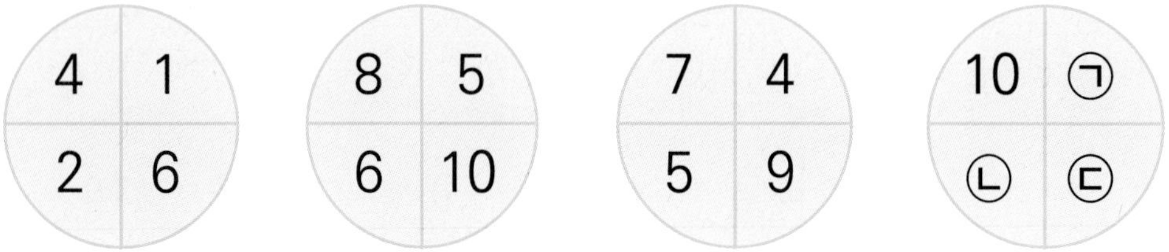

11 나열된 수를 보고 ㉠, ㉡, ㉢을 각각 구하세요.

4 9 5 10 7 8 16 5 12 22 3 17 ㉠ ㉡ ㉢

12 일정한 규칙에 따라 수가 적힌 도형이 있습니다. 규칙에 맞는 ㉠, ㉡, ㉢, ㉣, ㉤을 각각 구하세요.

4	10	17
9	15	22

7	13	20
12	18	25

11	17	24
16	22	29

19	㉠	㉡
㉢	㉣	㉤

1 심화문제

01 일정한 규칙에 따라 수가 적힌 도형이 있습니다. 규칙에 맞는 ㉠, ㉡, ㉢, ㉣, ㉤을 각각 구하세요.

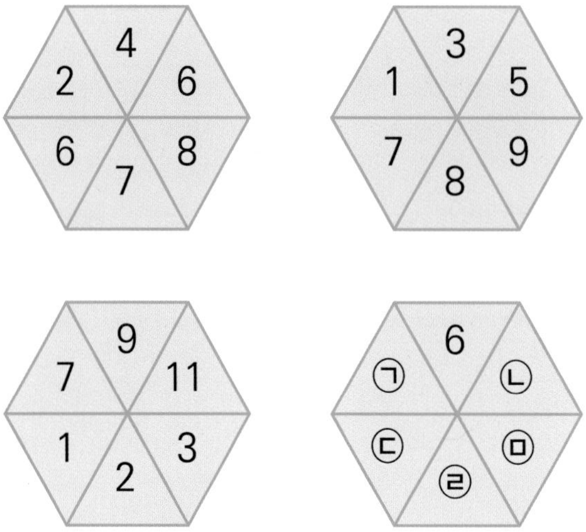

02 나열된 수를 보고 □ 안에 알맞은 수를 적으세요.

(1) 1 2 3 5 8 13 □ □

(2) 2 7 14 23 34 47 □ □

(3) 3 9 16 25 37 53 □

03 첫 번째 수인 2부터 5칸씩 뛰어 셀 때, 10번째는 어떤 수 일까요?

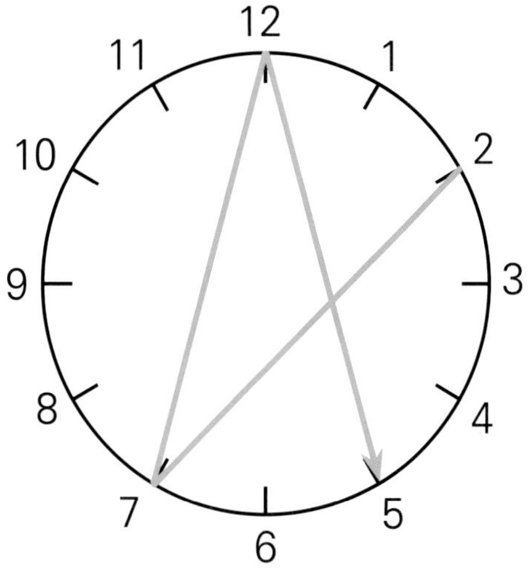

2 ➡ 7 ➡ 12 ➡ 5 ➡ …

04 규칙적으로 순서쌍을 나열했습니다. 10번째에 나오는 순서쌍은 무엇일까요?

(4, 8)　(9, 6)　(7, 11)　(12, 9)　(10, 14) …

01 어떤 규칙에 따라 수가 적힌 도형을 나열했습니다. 규칙에 맞는 ㉠, ㉡, ㉢, ㉣, ㉤을 각각 구하세요.

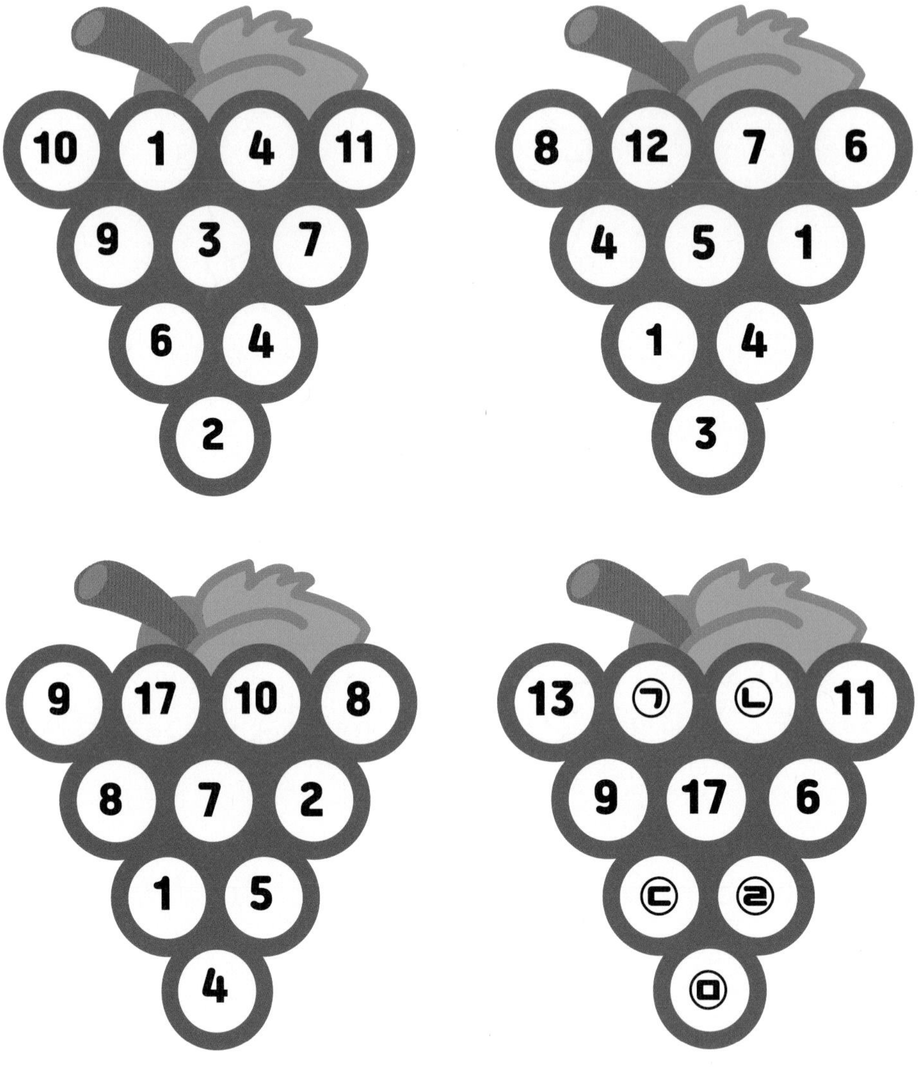

02
창의융합문제

고궁 박물관
여긴 세계 5대 박물관 중 하나래~
어마어마하다~
어서 가자~
와~
동파육 모양의 천연석
진짜 고기같이 윤기가 나!
색도 비슷해~
맛있어 보여..
배추 위에 메뚜기도 있어.
진짜 색이 초록색이야!
배추 모양의 천연석
오~
어떻게 만들었을까?
짜잔
수에 어떤 규칙이 있어!
여기 옥구슬 위에 수가 적혀있어.
옥구슬 몇 개는 수가 안보여..
무슨 규칙?

12개의 옥구슬 중 2개의 수가 지워졌을 때, 규칙을 찾아 빈 구슬에 들어갈 수를 각각 구하세요.

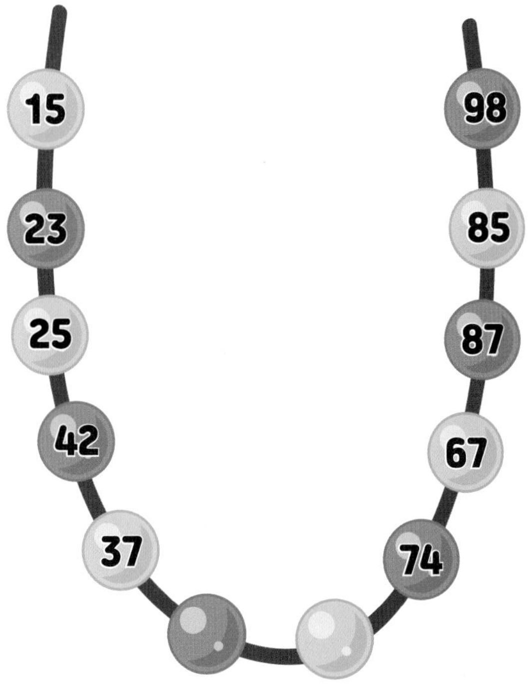
15
23
25
42
37
98
85
87
67
74

타이베이에서 첫째 날 모든 문제 끝~!
타이중으로 이동하는 무우와 친구들에게 어떤 일이 일어날까요?

테셀레이션?

테셀레이션?

우리 집에 가서 맛있는거 먹자~
그래!
바닥이 빈틈없이 도형으로 덮여 있어!
오오~
훗~
겹치지 않고 틈이 없는 것을 테셀레이션이라고 해!
제이야, 테셀레이션을 무우네 집에서도 볼 수 있어~
???
무우네 집에 보도 블럭이 있다는 거야?
잠깐~
아니야~ 우리집 화장실 타일을 봐~!
일정한 도형으로 무늬를 만들었네? 신기하다!
아하~!

2. 여러 가지 패턴

타이중에 도착한 무우와 친구들
타이중은 타이완의 중심이라는 뜻이래.
정말 중심이야?
무지개 마을
우와~!!
집들의 색이 알록달록해~!
마을 철거를 막기 위해 할아버지께서 혼자 벽에 그림을 그리셨대.
엣헴~
나는 다른 벽화 앞에서 찍을래.
김치~!
찰칵
그래! 제이랑 알알이 사진 찍어주고 다른 벽화로 가자.
여기 벽화 좀 봐! 규칙적인 도형인데.. 아래가 좀 지워졌네?
그러게~
지워진 부분을 한 번 맞춰볼까?

타이베이
타이중
대만
Taiwan

대만 둘째 날 DAY 2

대만에서 둘째 날, 타이중에 도착했어요. 타이중에 있는 <무지개 마을>, <국가 가극원>, <고미 습지>, <펑지아 야시장>, <국립 미술관>을 방문할 예정이에요. 자, 그럼 먼저 <무지개 마을>에서는 어떤 일이 일어날까요?

1. 패턴 마디 찾기

규칙에 따라 ★, ●, ■ 가 그려진 벽화 일부분이 지워져 있습니다. 안 보이는 부분에는 ★, ●, ■ 이 각각 몇 개가 있었을까요?

패턴이란? 도형, 색깔, 수 등 일정한 규칙으로 반복하여 나타내는 것입니다.

패턴에서 반복되는 부분을 "패턴 마디"라고 합니다.

① 모양이 반복되는 패턴

② 색깔이 반복되는 패턴

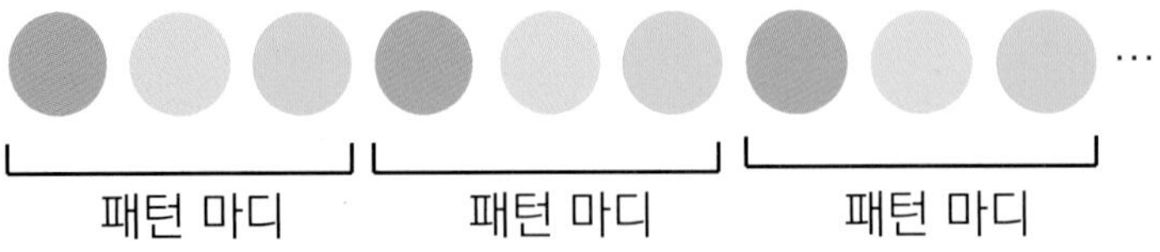

패턴 마디를 찾으면 ★●★■● 가 계속 반복됩니다.

오른쪽 〈그림〉과 같이 패턴 마디에 따라 보이지 않는 곳에 알맞은 도형을 그립니다.

따라서 ★ 5개, ● 6개, ■ 4개입니다. (정답)

〈그림〉

2. 도형 속 수 규칙

타이중 국가 가극원
여기는 오페라 극장이야~!
아름다운 곡선 모양이네!
내부는 어떨까?
얼른 들어가보자~!
우리 오페라 보러 가?
아니, 1층에서 전시회를 볼거야.
전시회 좋지.
아기자기 한 게 많네~
어떤 건 굿즈로 파나 봐.
굿즈 사고싶어.
여기 바둑돌이 있네?
얘들아, 여섯 번째에는 무슨 색의 바둑돌 몇 개를 놓을까? 맞추면 굿즈 사줄게.
꼭 맞추겠어~!

아래와 같이 4번째까지 바둑돌이 놓여 있습니다. 규칙을 찾아 6번째에 나오는 바둑돌을 그리세요.

…
첫 번째
두 번째
세 번째
네 번째

〈여러 가지 패턴〉

① 회전 패턴 : 아래와 같이 도형이 회전하면서 ●가 움직이는 규칙입니다.

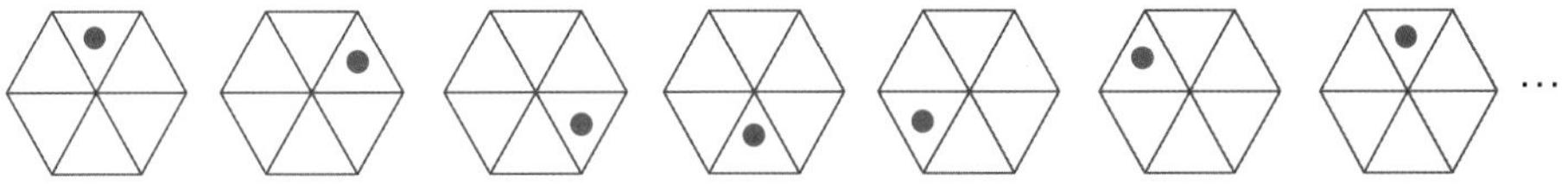

② 증감 패턴 : 아래와 같이 시계 방향으로 ●가 한 개씩 늘어납니다.

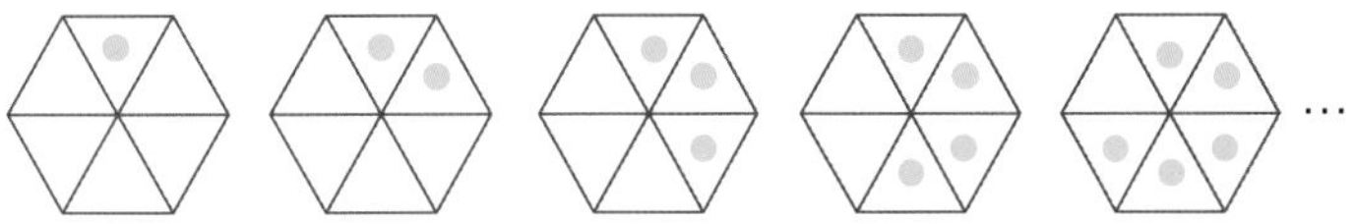

먼저 짝수 번째와 홀수 번째 놓은 바둑돌의 규칙을 찾습니다.
짝수 번째에는 흰 돌을 놓고 홀수 번째에는 검은 돌을 놓습니다.
차례대로 갈수록 바둑돌의 개수가 1개씩 늘어납니다. 다섯 번째에는 검은 바둑돌 5개를 놓으므로 6번째에는 흰 바둑돌 6개를 놓습니다. (정답)

1 단계 . 패턴 마디 찾기

고미 습지
여긴 고미습지야. 노을이 엄청 예쁘대~!
얼른 가보자!
곧 해가 질 것 같아.
저 끝까지 걸어서 내려가야해.
왜 중간에 가면 안돼?
중간에 내려가면 어마어마한 벌금을 내야한대.
다왔다! 맨발로 들어가보자!
노을이 예쁘다~!
야호~!
와~
인생샷을 찍겠어!
어? 저기 들어가지 말라고 말뚝이 있어!
알록달록해~!
11번째랑 12번째 말뚝은 뭘까?

10번째까지 말뚝이 놓여 있습니다. 규칙을 찾아 11번째와 12번째에 나오는 말뚝의 모양을 각각 그리세요.

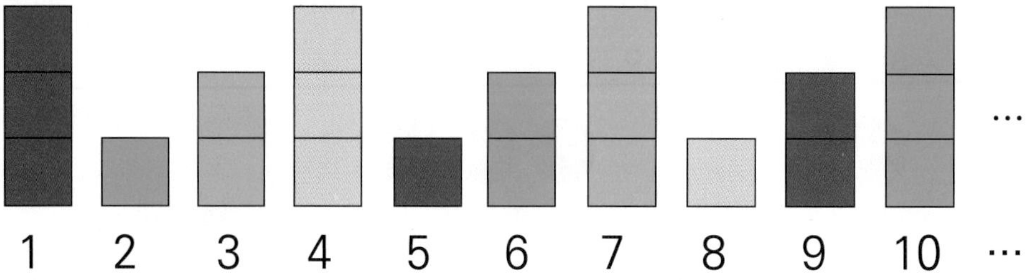
…
1 2 3 4 5 6 7 8 9 10 …

Step 1 사각형 개수의 패턴 마디를 찾아 적으세요.

Step 2 색깔의 패턴 마디를 찾아 적으세요.

Step 3 위 패턴 마디를 통해 11번째와 12번째 말뚝의 모양을 각각 그리세요.

Step 1 사각형의 개수는 3개, 1개, 2개, 3개, 1개, 2개, 3개, 1개, 2개, 3개 … 로 나열되어 있습니다. 따라서 개수의 패턴 마디는 (3개 , 1개, 2개)입니다.

Step 2 사각형의 색깔은 빨강, 초록, 파랑, 노랑, 빨강, 초록, 파랑, 노랑, 빨강, 초록, … 으로 나열되어 있습니다. 따라서 색깔의 패턴 마디는 (빨강, 초록, 파랑, 노랑)입니다.

Step 3 11번째에서 사각형의 개수는 1개이고 색깔은 파란색입니다.12번째에서 사각형의 개수는 2개이고 색깔은 노란색입니다. 따라서 정답과 같이 11번째와 12번째 말뚝의 모양을 각각 그릴 수 있습니다.

정답 :

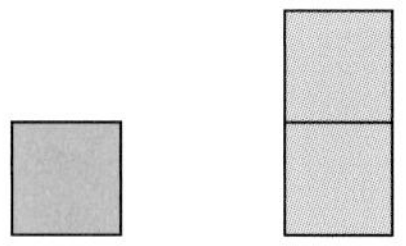

▲ 11번째 ▲ 12번째

확인하기 1 어떤 규칙에 따라 11번째 도형까지 그렸습니다. 규칙을 찾아 15번째에 나오는 도형을 그리세요.

●	☆	■	○	★	□	●	☆	■	○	★	…
1	2	3	4	5	6	7	8	9	10	11	…

확인하기 2 어떤 규칙에 따라 10번째 도형까지 그렸습니다. 규칙을 찾아 11번째와 12번째에 나오는 도형을 각각 그리세요.

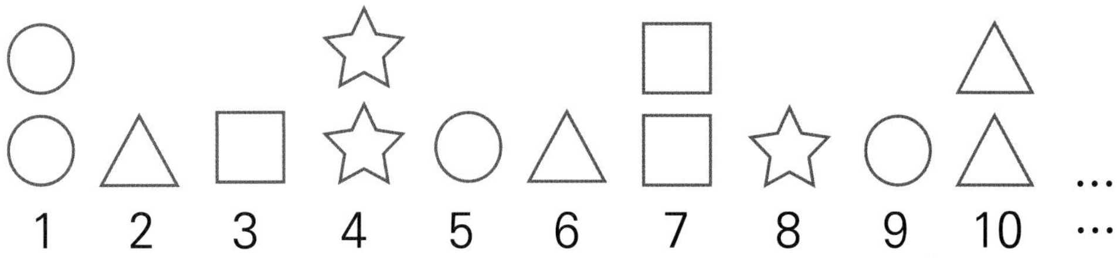

2 단계 . 여러가지 패턴

대만은 야시장이 유명하지.
펑지아 야시장
맛있는 꼬치 먹자~!
와
!!
난 다른거 하고 싶은데..
뭐 하고 싶은데?
맛있다~!
헤헤
저기 있는 인형이 갖고 싶어!
그래? 그럼 가보자!
아하!
다트판 6개가 있네? 그런데 마지막 다트판은 색깔이 없어..
흠~
규칙이 있는 것 같은데.... 마지막 다트판의 색깔을 맞춰볼까?

마지막 다트판을 그려보세요.

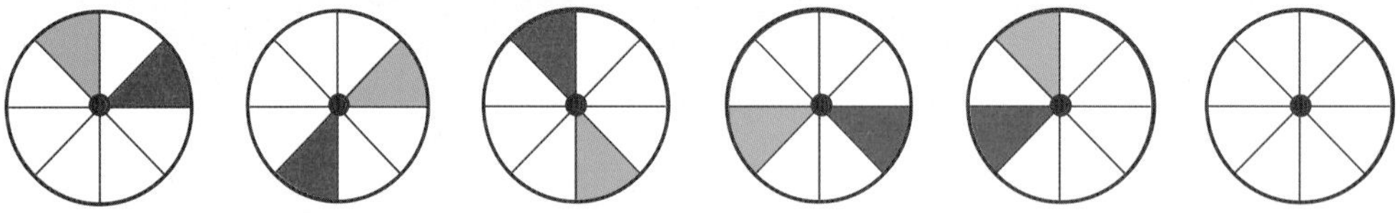

Step 1 초록색 부분의 규칙을 찾고 마지막 도형의 알맞은 위치에 초록색을 색칠하세요.

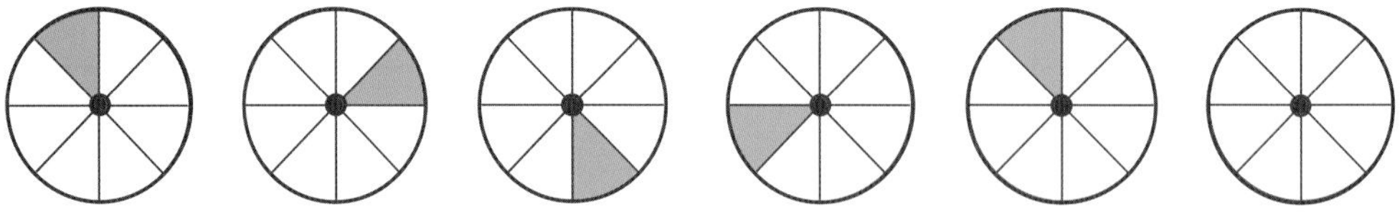

Step 2 빨간색 부분의 규칙을 찾고 마지막 도형의 알맞은 위치에 빨간색을 색칠하세요.

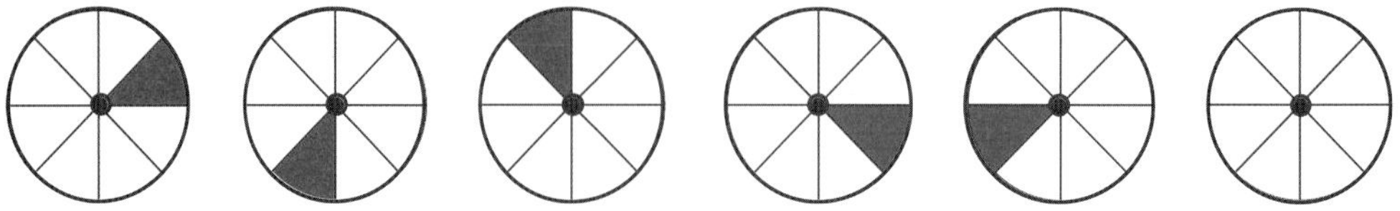

Step 3 위에서 찾은 규칙에 따라 마지막 도형을 알맞게 색칠하세요.

Step 1 시계 방향으로 2 칸씩 움직입니다. 따라서 마지막 도형의 알맞은 위치에 초록색을 색칠합니다.

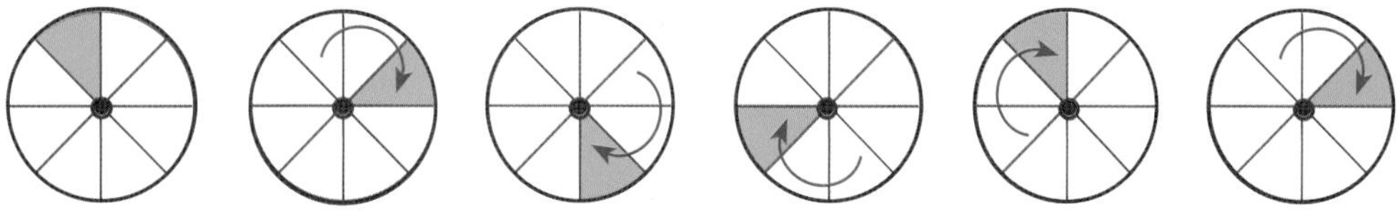

Step 2 시계 방향으로 3칸씩 움직입니다. 따라서 마지막 도형의 알맞은 위치에 빨간색을 색칠합니다.

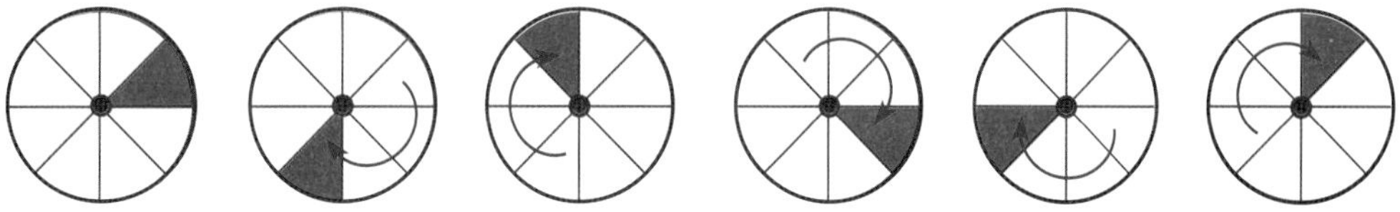

Step 3 따라서 정답과 같이 마지막 원에 알맞은 위치에 빨간, 초록색을 각각 색칠합니다.

정답 : 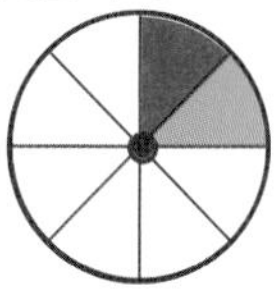

확인하기

어떤 규칙에 따라 5번째 도형까지 색칠했습니다. 규칙을 찾아 6번째 도형을 알맞게 색칠하세요.

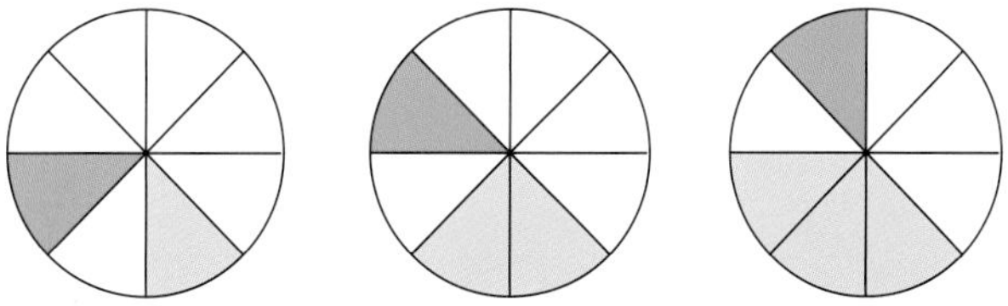

첫 번째 두 번째 세 번째

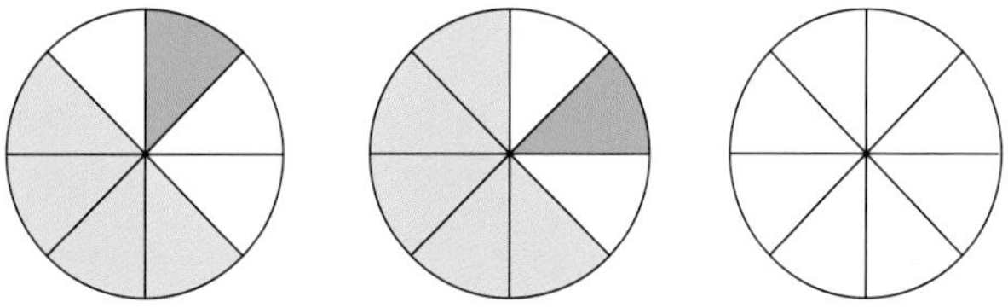

네 번째 다섯 번째 여섯 번째

2 연습문제

01 어떤 규칙에 따라 11개의 글자를 적었습니다. 규칙을 찾아 14번째에 나오는 글자를 적으세요.

㉠	ㄷ	㉡	ㄹ	㉤	ㄱ	㉢	ㄴ	㉣	ㅁ	㉠	…
1	2	3	4	5	6	7	8	9	10	11	…

02 서로 다른 규칙에 따라 도형을 그렸습니다. 빈칸 ㉠, ㉡, ㉢ 안에 들어갈 도형 중 다른 하나를 찾아 기호를 적으세요.

☆	■	○	▲	☆	■	○	▲	☆	■	○	▲	㉠	■
△	☆	●	□	△	★	○	□	▲	☆	○	■	△	㉡
●	□	△	★	○	□	▲	☆	○	■	△	☆	㉢	□

03 어떤 규칙에 따라 도형을 그렸습니다. 이 도형의 규칙에 대해 상상, 알알, 제이가 대화를 했습니다. 규칙을 잘못 말한 사람은 누구일까요?

 상상 : 색깔이 빨강, 파랑, 노랑, 초록 차례로 반복된다~

 알알 : 도형의 크기가 큰 것과 작은 것이 차례로 반복되네.

 제이 : 모양은 ○, △, □ 가 차례로 반복된다.

 무우 : 원의 색깔은 빨강, 파랑, 노랑, 초록 차례로 반복되네.

04 어떤 규칙에 따라 4번째 도형까지 색칠했습니다. 규칙을 찾아 5번째 도형을 알맞게 색칠하세요.

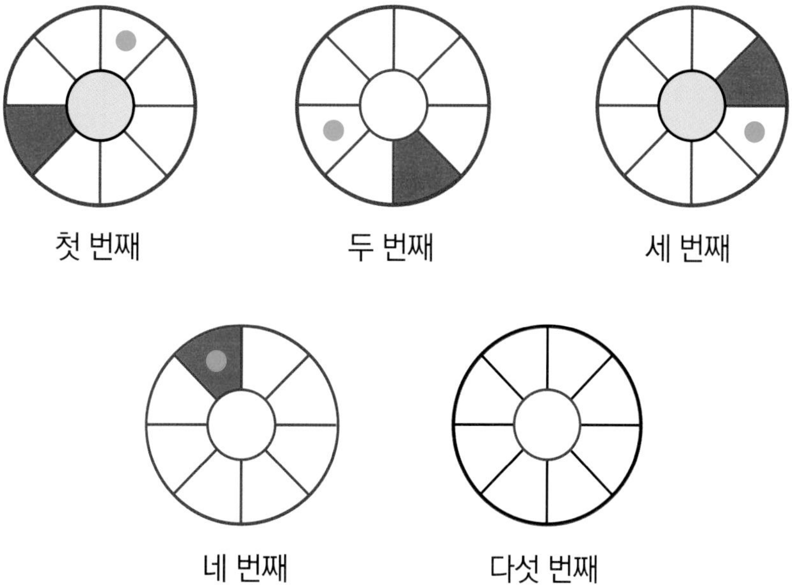

05 아래와 같이 4번째까지 도형이 놓여 있습니다. 규칙을 찾아 6번째 도형에 나오는 파란색 삼각형과 빨간색 삼각형 개수의 차를 구하세요.

06 바둑돌이 4번째까지 놓여 있습니다. 규칙을 찾아 6번째에 나오는 바둑돌을 그리세요.

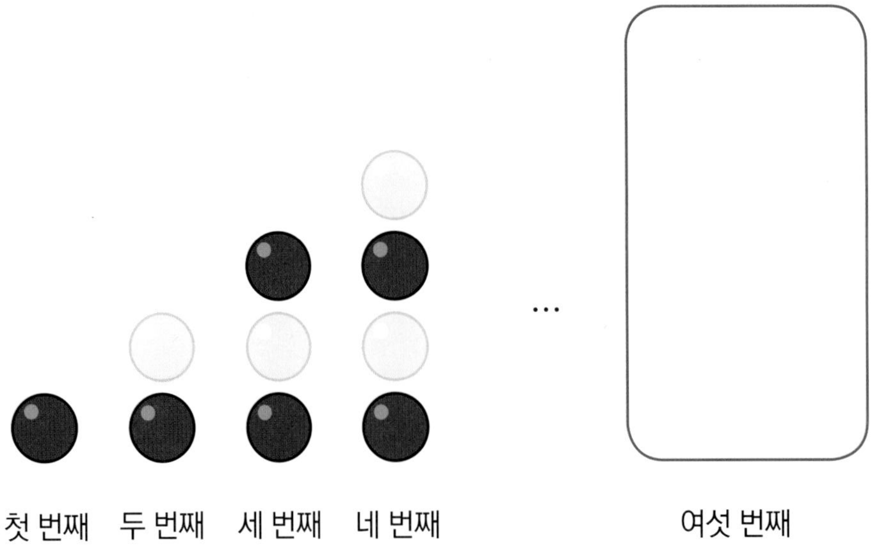

07 어떤 규칙에 따라 4번째 도형까지 색칠했습니다. 규칙을 찾아 5번째와 6번째 도형을 각각 알맞게 색칠하세요.

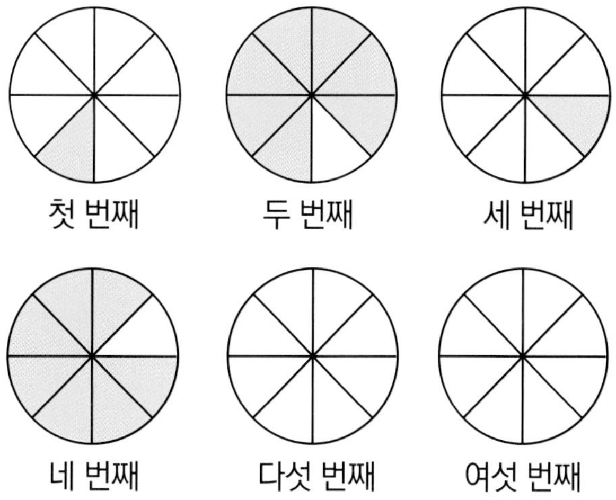

08 어떤 규칙에 따라 10번째 도형까지 그렸습니다. 규칙을 찾아 11번째와 12번째에 나오는 도형을 각각 그리세요.

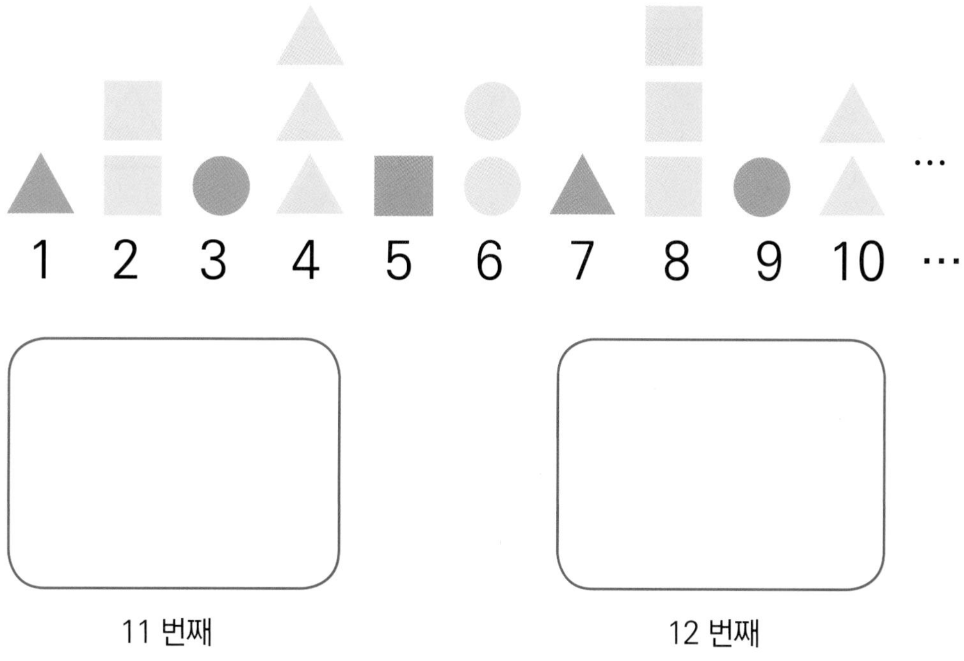

09 바둑돌이 네 번째까지 놓여 있습니다. 규칙을 찾아 7번째에 나오는 바둑돌의 개수를 구하세요.

10 7번째 도형까지 색칠했습니다. 규칙을 찾아 10번째에 나오는 도형을 알맞게 색칠하세요.

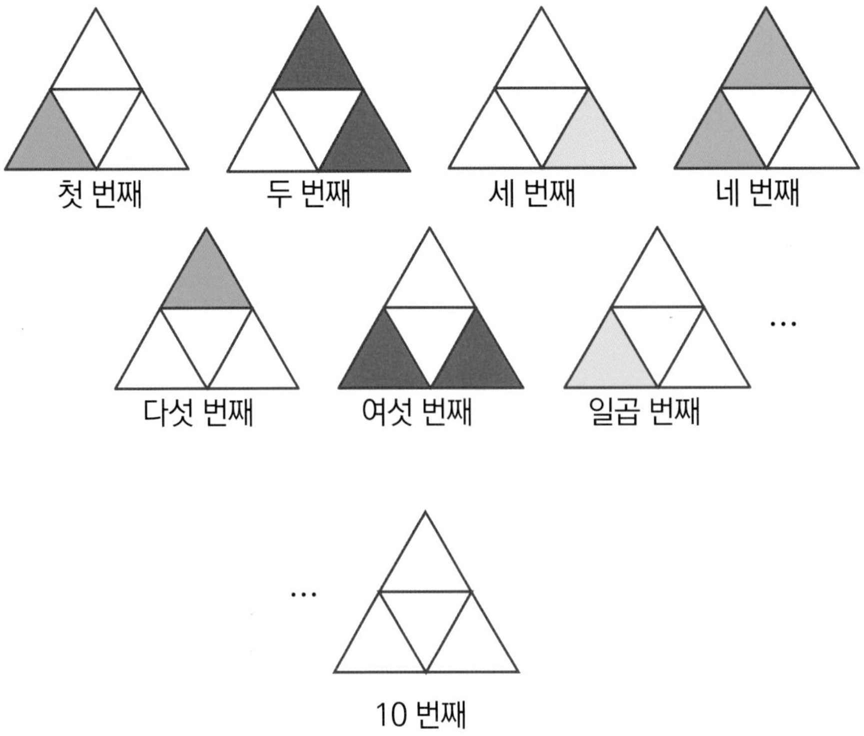

11 어떤 규칙에 따라 네 번째 도형까지 색칠했습니다. 규칙을 찾아 5번째 도형을 알맞게 색칠하세요.

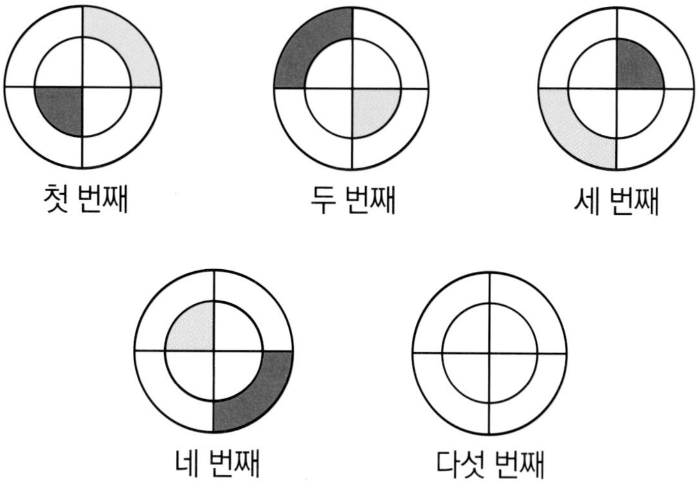

12 어떤 규칙에 따라 세 번째 도형까지 그렸습니다. 규칙을 찾아 4번째 도형을 알맞게 그리세요.

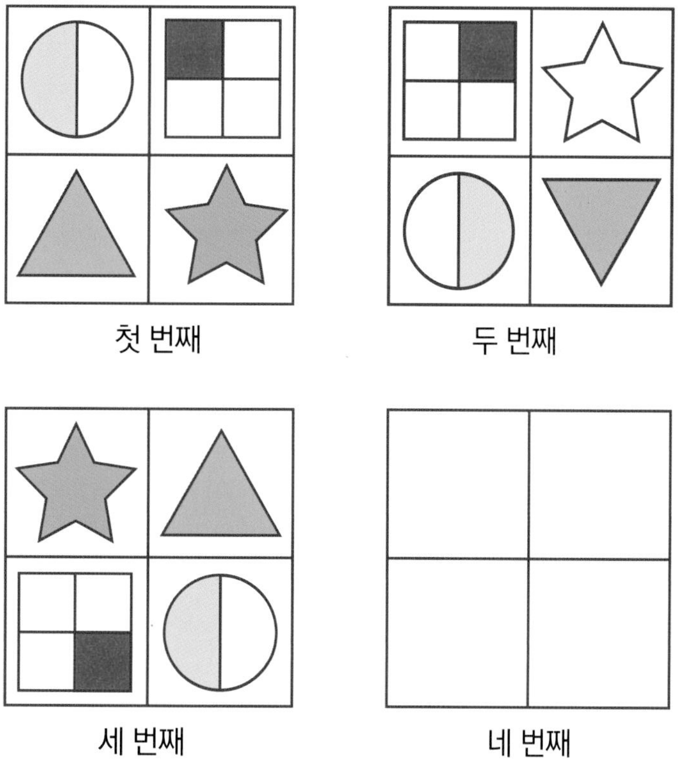

01 어떤 규칙에 따라 도형을 색칠했습니다. 규칙을 찾아 네 번째 도형에 알맞게 색칠하세요.

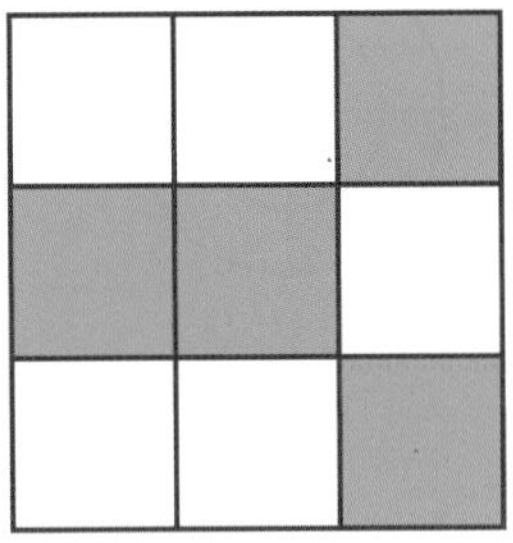
첫 번째

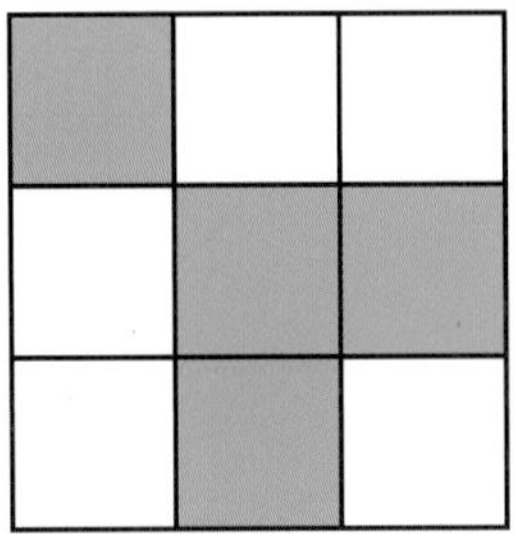
두 번째

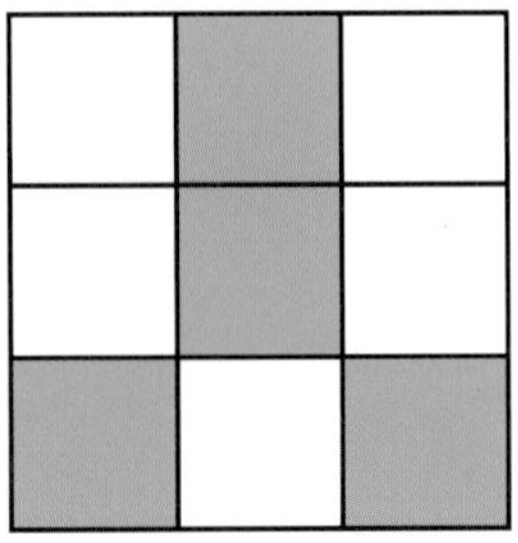
세 번째

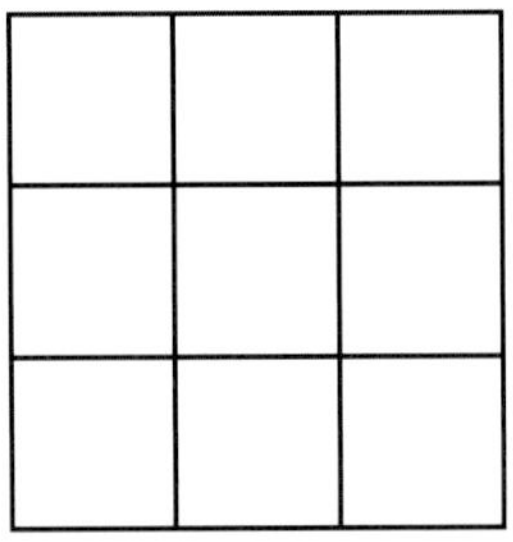
네 번째

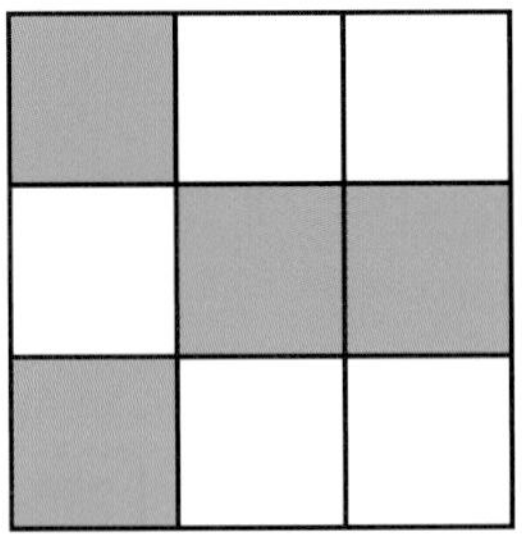
다섯 번째

02 어떤 규칙에 따라 5번째 도형까지 색칠했습니다. 규칙을 찾아 6번째 도형을 알맞게 색칠하세요.

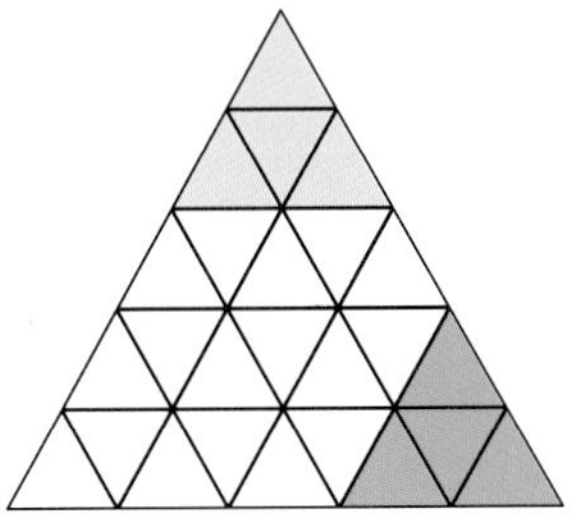
첫 번째

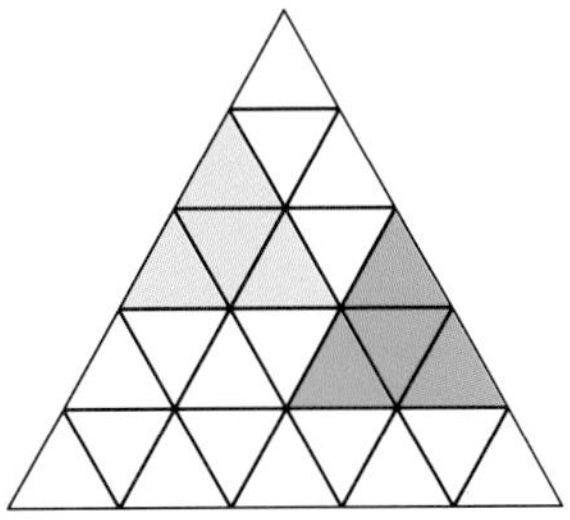
두 번째

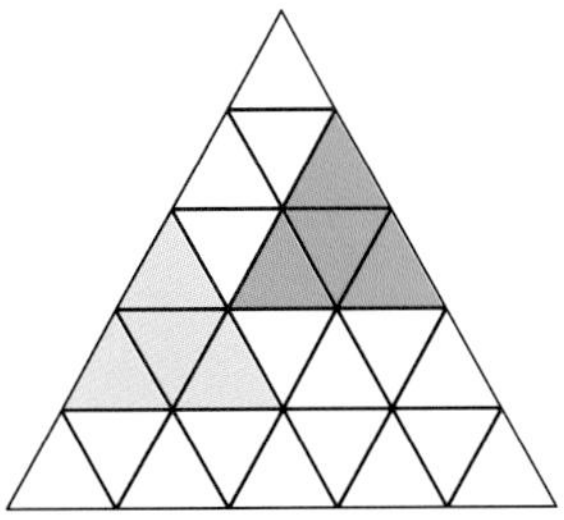
세 번째

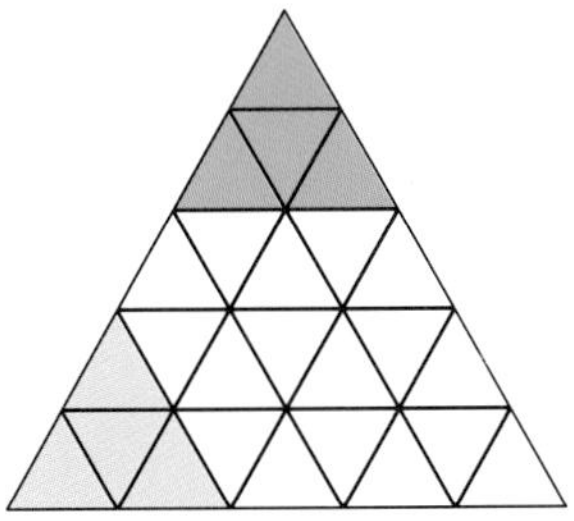
네 번째

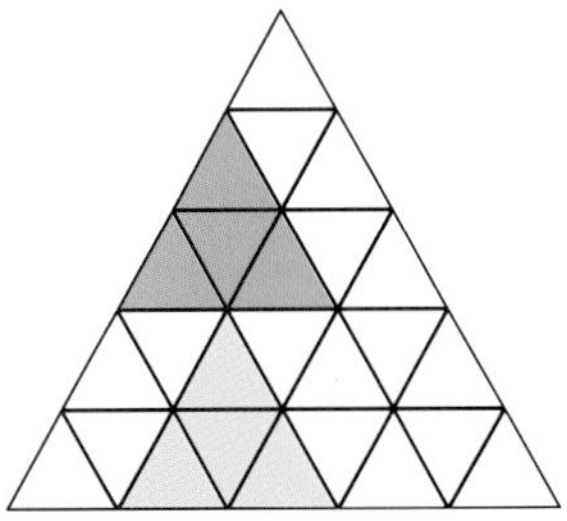
다섯 번째

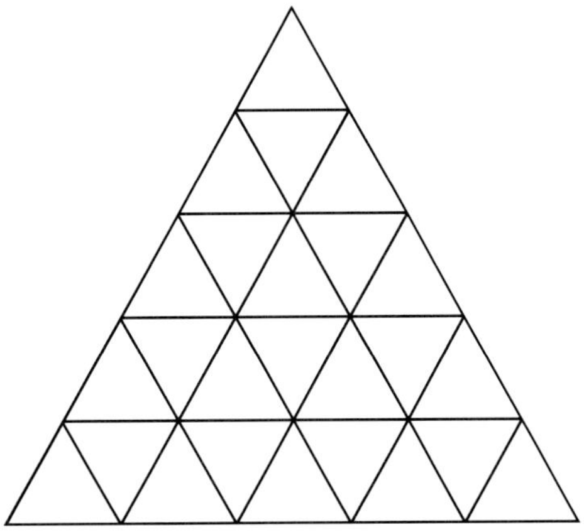
여섯 번째

03 어떤 규칙에 따라 도형을 색칠했습니다. 규칙을 찾아 다섯 번째 도형에 알맞게 색칠하세요.

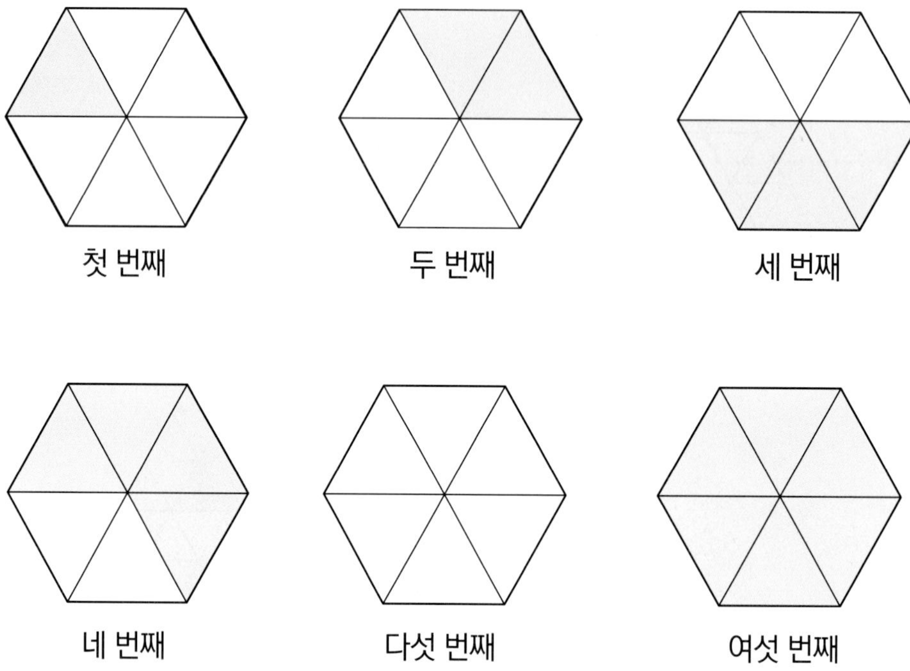

04 아래와 같이 다섯 번째까지 바둑돌이 놓여 있습니다. 규칙을 찾아 아홉 번째에 나오는 흰 바둑돌과 검은 바둑돌의 개수 차를 구하세요.

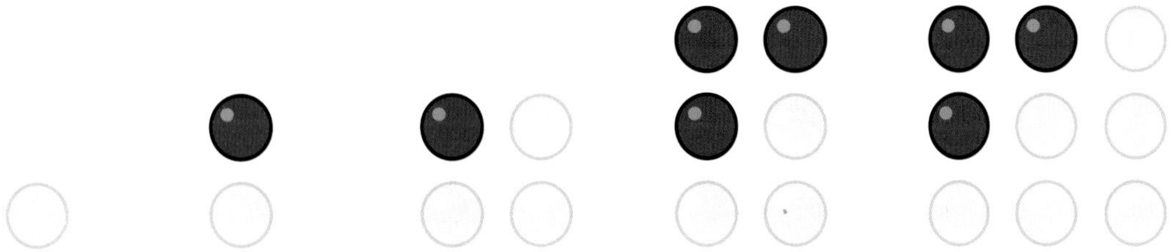

첫 번째 두 번째 세 번째 네 번째 다섯 번째

…

아홉 번째

01 아래와 같이 과일 미로가 있습니다. 대각선 방향으로 선을 연결할 수 없습니다.

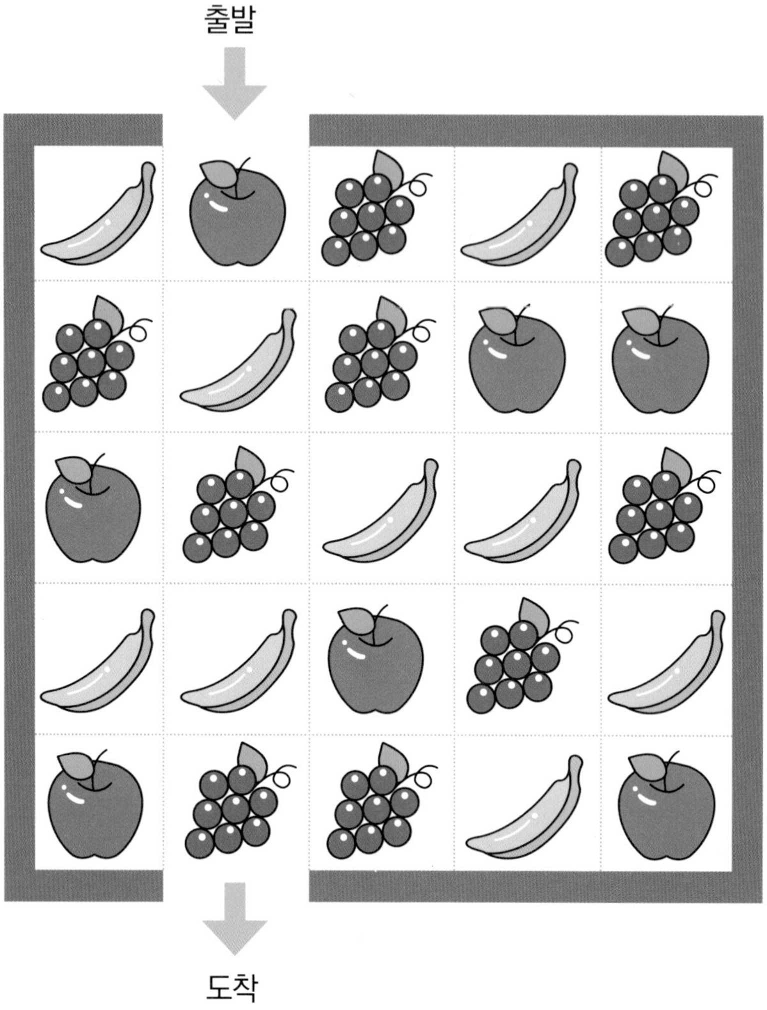

(1) 사과, 바나나, 포도, 바나나, 포도 순서로 마디가 3번 반복되도록 선으로 연결해 미로를 통과하세요.

(2) 새로운 반복 마디를 찾아 다른 색 선으로 연결해 미로를 통과하세요.

02
창의융합문제

국립 타이완 미술관
아시아 최대 규모의 미술관이래!
오~
저기 잔디밭 있다!
얘들아~ 이제 미술관 안으로 들어가야지! 이리 와~!
꺄~
뛰어~!
우와~!
엄청 크다~!
눈으로만 봐야 해!
저기 조형물이 있어.
여기 악보가 그려져 있네?
음표가 규칙적으로 나오는데?

어떤 규칙에 따라 4번째 마디까지 악보가 그려져 있습니다. 악보의 패턴을 찾아 아래 5번째와 6번째 마디에 알맞은 음표를 그려 넣으세요.

5 번째 마디
6 번째 마디

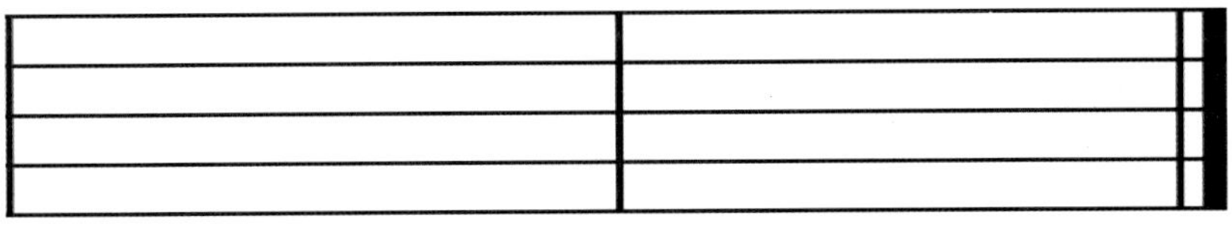

▲ 5 번째와 6 번째 마디

타이중에서 둘째 날 모든 문제 끝!
가오슝으로 이동하는 무우와 친구들에게 어떤 일이 일어날까요?

수 배열표?

제이네 집
우리 집에 어서와~ 내 동생이야!
안녕~
안녕?
동생이 귀엽네!
초대해줘서 고마워!
동생이랑 놀고 있어~
어~?
어? 여기 1부터 20까지 수 배열표가 있네?
동생이 수를 배우는 중인 가봐.
1 2 3 4
5 6 7 8
9 10 11 12
13 14 15 16
17 18 19 20
가로 방향으로는 1씩 커지고, 세로 방향으로는 4씩 커지네.
오
가로 방향과 세로 방향의 규칙을 찾아봐!
?
대각선 방향으로는 5씩 커지는데?? 맞지??
뭐해?
어라~?
수 배열표 에서는 가로, 세로, 대각선 방향으로 수 규칙을 찾을 수 있어.

3. 수 배열표

가오슝에 도착한 무우와 친구들
가오슝은 항구도시래~
바다 가자~!
바닷가 근처인가?
보얼 예술 특구
짠 —!
여기는 과거에 항만 창고였대.
저기 알록달록한 벽도 보이네?
오..정말?
여기 큰 로봇이 있어! 제이야, 사진 찍을래?
헤헤
좋아~ 같이 사진 찍자!
저기 전망대도 보여!
입장권 사려고요~!
우와
무슨 문제가 있어요?
뭐지?
음...
이 규칙이 뭐지? 풀어야 상품을 얻는데….

타이베이
타이중
대만
Taiwan
가오슝

대만 셋째 날 DAY 3

대만에서 셋째 날, 가오슝에 도착했어요. 가오슝에 있는 <보얼 예슬 특구>, <영국 영사관>, <아이허 강>, <영화 도서관>을 방문할 예정이에요. 자, 그럼 먼저 <보얼 예슬 특구>에서 만난 수학문제를 친구들과 함께 풀어 볼까요?

3 단원 살펴보기

1. 수 배열표 규칙 찾기

수 배열표를 완성한 후, 빨간색, 파란색, 노란색 칸의 수 규칙을 적으세요.

NEWS

1	2	5	10	
4	3			
9				
25	24			

1	2	5	10	
4	3			
9				
25	24			

1	2	5	10	
4	3			
9				
25	24			

수 배열표란? 가로, 세로, 대각선 방향으로 일정한 규칙에 따라 숫자들이 배열된 표입니다.

오른쪽 수 배열표와 같이 가로 방향은 1씩 커지고 세로 방향은 4씩 커지고, 대각선 방향으로 5씩 커집니다.

따라서 ㉠ = 11, ㉡ = 17, ㉢ = 19 입니다.

1씩 커집니다.

4씩 커집니다.

8	9	10	㉠
12	13	14	15
16	㉡	18	㉢

5씩 커집니다.

노란색 방향에 따라 2부터 25까지 수를 적어 완성한 수 배열표가 (정답) 입니다.

① 노란색 칸의 수는 1, 2, 5, 10, 17입니다.
노란색 칸의 규칙은 1, 3, 5, 7씩 커지는 규칙입니다.

② 파란색 칸의 수는 1, 4, 9, 16, 25입니다.

파란색 칸의 규칙은 1 × 1, 2 × 2, 3 × 3, 4 × 4, 5 × 5으로 같은 수를 두 번 곱하는 규칙입니다.
또는 3, 5, 7, 9씩 커지는 규칙입니다.

③ 빨간색 칸의 수는1, 3, 7, 13, 21입니다.
빨간색 칸의 규칙은 2, 4, 6, 8씩 커지는 규칙입니다.

1	2	5	10	17
4	3	6	11	18
9	8	7	12	19
16	15	14	13	20
25	24	23	22	21

(정답)

2. 연산표 완성하기

전망대
와~ 탁 트인 전망이네!
저기 도서관이 보여!
우리 도서관에 갈까?
응!
와~
얘들아, 가서는 조용히 해야 해~!
당연하지~
응~
기대되는군.
계단이 빙글빙글 도는 모습이야!
우리 올라가볼까?
쉿..!
여기 책에 덧셈표와 곱셈표가 텅텅 비어있어! 한 번 채워볼까?
표에 규칙이 있는 것 같은데?
엣헴!
어렵네...
음~
공책에 각자 적어보자!

덧셈표와 곱셈표를 각각 완성한 후, 가로, 세로, 대각선 방향의 수 규칙을 적으세요.

+	1	2	3	4	5
1	2	3			
2					
3					
4					
5					

〈덧셈표〉

×	1	2	3	4	5
1	1	2			
2					
3					
4					
5					

〈곱셈표〉

정답

+	1	2	3	4	5
1	2	3	4	5	6
2	3	4	5	6	7
3	4	5	6	7	8
4	5	6	7	8	9
5	6	7	8	9	10

×	1	2	3	4	5
1	1	2	3	4	5
2	2	4	6	8	10
3	3	6	9	12	15
4	4	8	12	16	20
5	5	10	15	20	25

(정답)

① 덧셈표는 가로 방향과 세로 방향이 각각 1씩 커집니다. 노란색 칸인 대각선 방향은 2씩 커지는 규칙 입니다.

② 곱셈표는 가로 방향과 세로 방향이 각각 1씩 커집니다. 초록색인 대각선 방향은 같은 두 수를 곱한 수이거나, 3, 5, 7, …씩 커집니다.

1 단계 . 수 배열표 규칙 찾기

영국 영사관
짜잔~!
여긴 영국 영사관이야.
언덕 위에 있네?
밤에는 노을이 이쁘대.
실제 있었던 사건을 모형으로 만들어 놓았대.
정말 실제 사람같아!
오~
여기서 스탬프를 찍고 내부로 들어가 볼까?
응! 좋아~!
여기 액자 좀 봐! 수 배열표가 있어.
그러게! 그 옆 액자에는 ㉠, ㉡, ㉢ 이 있는데?

왼쪽 수 배열표의 일부분을 오른쪽에 나타냈습니다. ㉠, ㉡, ㉢ 에 들어갈 알맞은 수를 각각 구하세요.

1	2	3	4	5	6
7	8	9	10	11	12
13	14	15	16	17	18
⋮	⋮	⋮	⋮	⋮	⋮

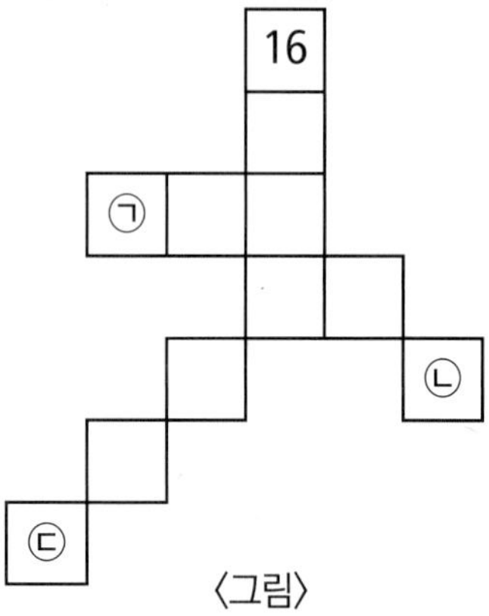
16
㉠
㉡
㉢

〈그림〉

Step 1 수 배열표에서 가로, 세로, 대각선에 어떤 규칙이 있는지 각각 적으세요.

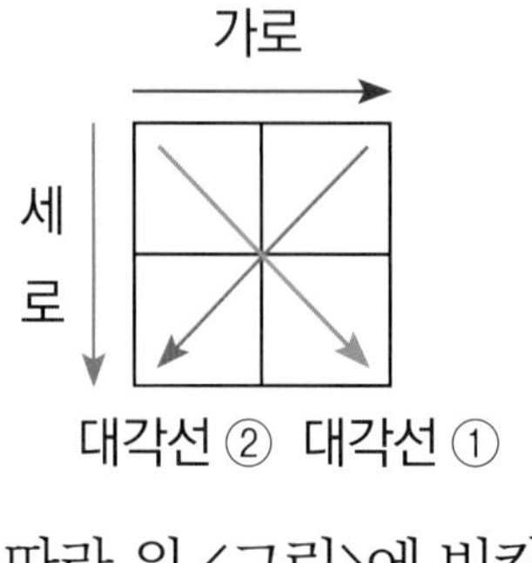
가로
세로
대각선 ②
대각선 ①

Step 2 가로, 세로, 대각선의 규칙에 따라 위 〈그림〉에 빈칸을 채워서 ㉠, ㉡, ㉢ 을 각각 구하세요

풀이

Step 1 아래 〈수 배열표〉에서 가로 방향으로 1씩 커지고, 세로 방향으로 6씩 커집니다.
두 대각선 방향으로 각각 5와 7씩 커집니다.

Step 2 위 규칙에 따라 아래 〈그림〉의 빈칸에 수를 적을 수 있습니다.
따라서 ㉠ = 27 − 1 = 26, ㉡ = 35 + 7 = 42, ㉢ = 44 + 5 = 49 가 됩니다.

정답 : ㉠ = 26, ㉡ = 42, ㉢ = 49

1씩 커집니다. (가로 방향) / 6씩 커집니다. (세로 방향)

1	2	3	4	5	6
7	8	9	10	11	12
13	14	15	16	17	18
⋮	⋮	⋮	⋮	⋮	⋮

7씩 커집니다. 5씩 커집니다.

〈수 배열표〉

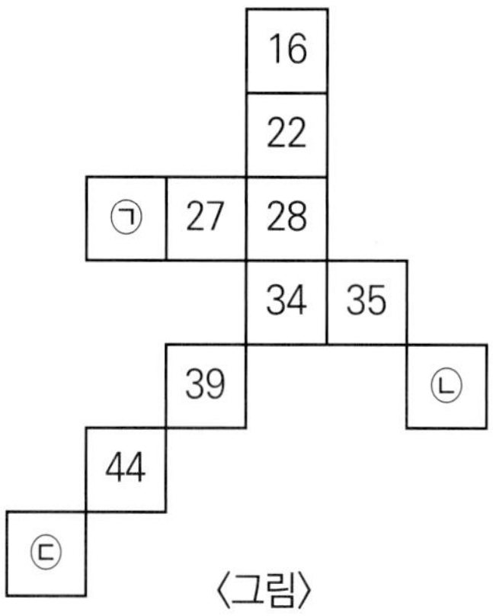

〈그림〉

확인하기

왼쪽 수 배열표의 일부를 조각으로 나타냈습니다. 수 배열표의 규칙을 찾아 빈칸 ㉠, ㉡, ㉢ 에 알맞은 수를 각각 구하세요.

1	3	5	7
9	11	13	15
17	19	21	23
25	27	29	31
⋮	⋮	⋮	⋮

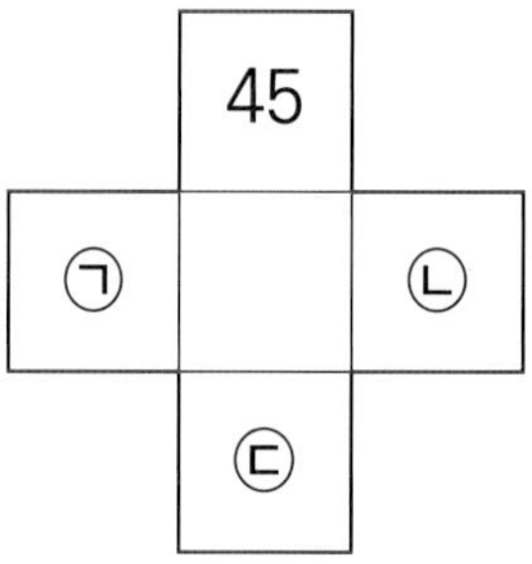

〈조각〉

2 단계 . 연산표 완성하기

아이허 강
와~!!
여긴 연인들의 데이트 장소로 유명하대.
이쁘다~!
우리 저기서 사진 찍을래?
정말 연인들이 많네...
사진 찍고 나서 유람선 타러 가자!
좋아~
지도 아래 곱셈표가 붙어있지?
그러게? 우리가 채워볼까?
언제 타?

1씩 커지는 한 자리 수 곱셈표를 완성해 ㉠, ㉡, ㉢ 에 알맞은 수를 각각 적으세요.

×					
					㉠
			㉡		
	12				
				30	
		㉢			

Step 1 (한 자리 수) × (한 자리 수)를 하여 30이 될 수 있는 경우를 모두 구하세요.

Step 2 두 수의 곱이 12가 되도록 위 곱셈표에 파란색 칸의 수를 적으세요.

Step 3 곱셈표에서 ㉠, ㉡, ㉢ 에 들어갈 알맞은 수를 각각 적으세요.

Step 1 (한 자리 수) × (한 자리 수) 하여 30이 될 수 있는 경우 ① 6 × 5와, 경우 ② 5 × 6 가 있습니다.

Step 2 아래와 같이 경우 ①, ② 처럼 6 × 5과 5 × 6를 각각 적어 파란색 칸을 채울 수 있습니다.

경우 ① 의 곱셈표에서 두 수의 곱이 12가 되는 위치에 2 × 5가 있으므로 경우 ① 의 곱셈표는 조건을 만족하지 않습니다.

경우 ② 의 곱셈표에서 두 수의 곱이 4 × 3 = 12를 만족하므로 파란색 칸의 수를 써 넣을 수 있습니다.

×	2	3	4	5	6
3					㉠
4			㉡		
5	12				
6				30	
7		㉢			

경우 ①

×	3	4	5	6	7
2					㉠
3			㉡		
4	12				
5				30	
6		㉢			

경우 ②

Step 3 경우 ② 에서 ㉠, ㉡, ㉢ 을 각각 계산합니다.

따라서 ㉠ = 2 × 7 = 14, ㉡ = 3 × 5 = 15, ㉢ = 6 × 4 = 24입니다.

정답 : ㉠ = 14, ㉡ = 15, ㉢ = 24

확인하기 아래는 1씩 커지는 곱셈표입니다. 한 자리 수 곱셈표를 완성해 ㉠, ㉡, ㉢ 에 알맞은 수를 각각 적으세요.

×				
	㉠			
			49	
				㉡
		㉢		

3 연습문제

01 아래와 같이 수를 배열할 때, 26은 어느 꼭짓점에 놓이는지 알맞은 기호를 적으세요.

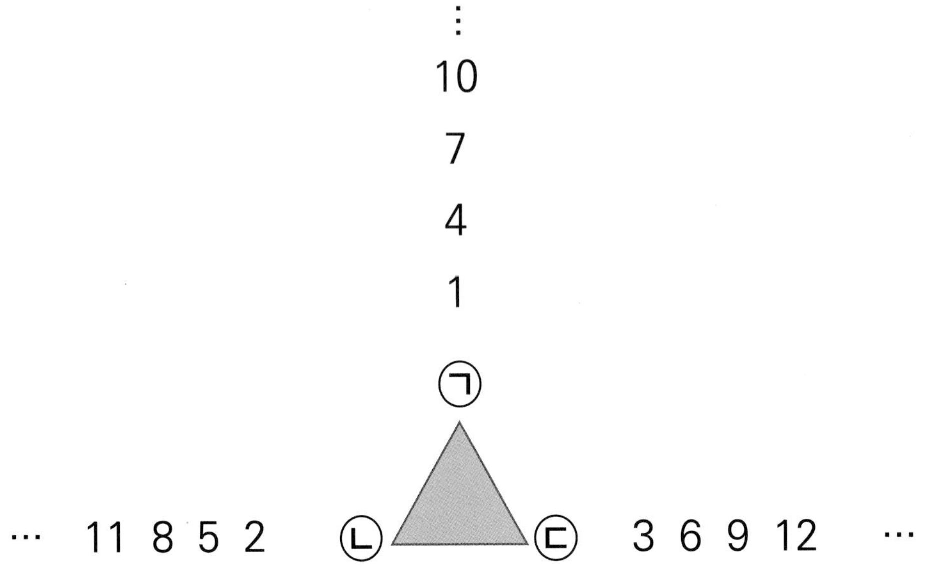

02 아래는 1씩 커지는 한 자리 수 곱셈표입니다. 빈칸에 알맞은 수를 적어 곱셈표를 완성하세요.

×					
			3		

03 1부터 28까지 수를 한 번씩 적어 어떤 규칙에 따라 수 배열표를 만들려고 합니다. 규칙에 맞게 빈칸에 나머지 수를 써넣으세요.

		6	1	2		16
				3		
	9				13	
25				21		

04 한 자리 수의 순서와 상관없이 만든 곱셈표가 있습니다. 색칠된 칸에 1부터 9까지 수 중에서 알맞은 수를 각각 적어보고, 빈칸에 알맞은 수를 적어 곱셈표를 완성하세요.

×				
				15
		42	24	
	9			27
		14		6

05 곱셈표의 빈칸에 들어갈 수의 합을 <곱셈식>을 이용해 구하려고 합니다. □ 에 들어갈 숫자를 각각 적으세요.

×	2	3	4
1			
2			
3			

<곱셈식> : □ × □ = □ □

06 수 배열표의 일부입니다. 42와 60은 각각 몇 번째 줄에 있는지 구하세요.

첫 번째 줄 ➡	2	4	6	8
두 번째 줄 ➡	10	12	14	16
세 번째 줄 ➡	18	20	22	24
네 번째 줄 ➡	26	28	30	32
	⋮	⋮	⋮	⋮

07 1씩 작아지는 한 자리 수 덧셈표를 완성해 ㉠, ㉡, ㉢ 에 알맞은 수를 각각 적으세요.

+			
	13		
	㉠		
		㉡	㉢

08 1씩 작아지는 한 자리 수 곱셈표의 일부가 물에 젖어 보이지 않습니다. 이 곱셈표를 완성해 ㉠, ㉡, ㉢ 에 알맞은 수를 각각 적으세요.

×				
	4		㉠	
	5			㉡
		㉢		
				18

09 2씩 커지는 한 자리 수 곱셈표입니다. 빈칸에 알맞은 수를 적어 곱셈표를 완성하세요.

×				
			12	
		16		

10 수 배열표의 일부입니다. 27과 30은 각각 몇 번째 줄에 있는지 구하세요.

첫 번째 줄 ➡	1		2		3
두 번째 줄 ➡		4		5	
세 번째 줄 ➡	6		7		8
네 번째 줄 ➡		9		10	
다섯 번째 줄 ➡	11		12		13
	⋮	⋮	⋮	⋮	⋮

11 1씩 커지는 한 자리 수 연산표가 있습니다. ㉡ + ㉢ = 9일 때, ㉠ 에 들어갈 기호를 +와 ×중에서 찾고 빈칸에 알맞은 수를 적어 연산표를 완성하세요.

㉠	㉡	㉢		
				16

12 수 배열표의 규칙을 찾아 빈칸 ㉠, ㉡, ㉢ 에 알맞은 수를 각각 구하세요.

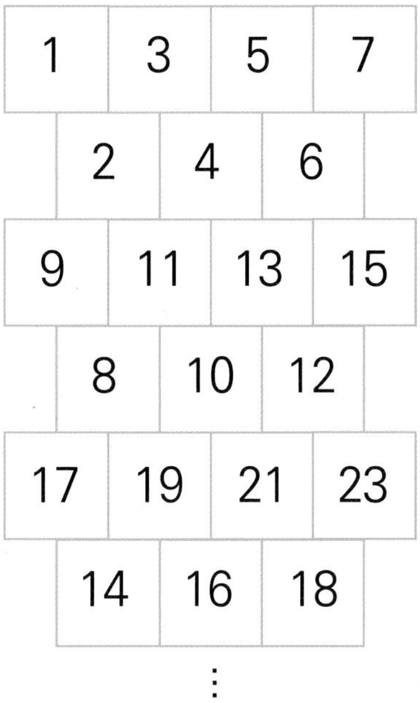

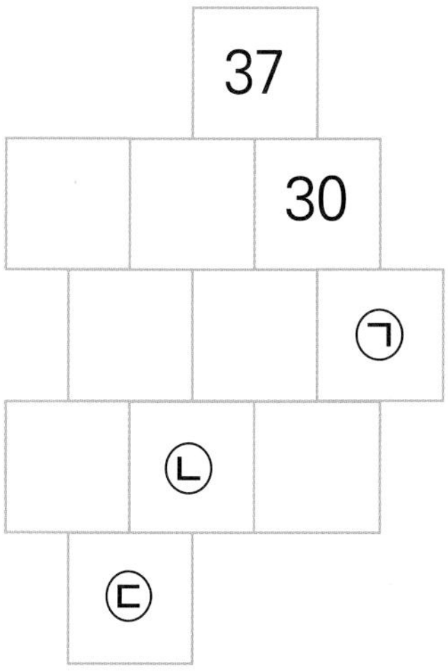

〈조각〉

3 심화문제

01 2씩 커지는 한 자리 수 곱셈표가 있습니다. 이 곱셈표의 일부인 〈조각〉의 ㉠, ㉡, ㉢, ㉣에 들어갈 알맞은 수를 각각 구하세요.

×					

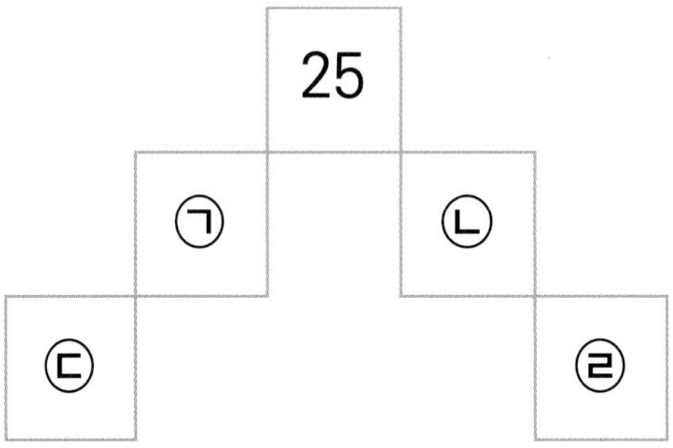

〈조각〉

02 다음과 같이 손가락으로 수를 셀 때, 32는 어느 손가락으로 세는지 구하세요.

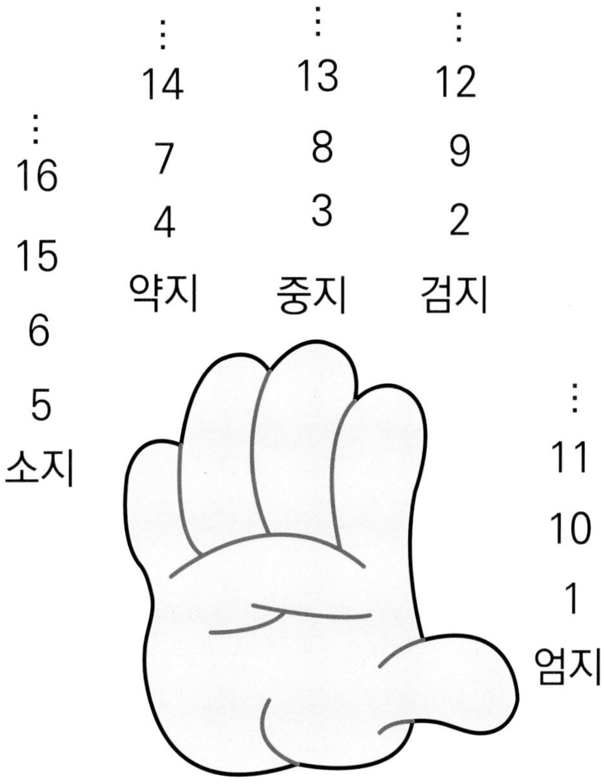

03 사각형 안에 일정한 규칙에 따라 수를 적었습니다. 규칙을 찾아 9번째 줄의 가운데 사각형 안에 적힌 수가 무엇인지 구하세요.

04 첫 번째 삼각형부터 네 번째 삼각형까지 꼭짓점에 수를 배열했습니다. 과연 21은 몇 번째 삼각형 꼭짓점에 있으며, ㉠, ㉡, ㉢ 중 어느 꼭짓점에 나오는지 구하세요.

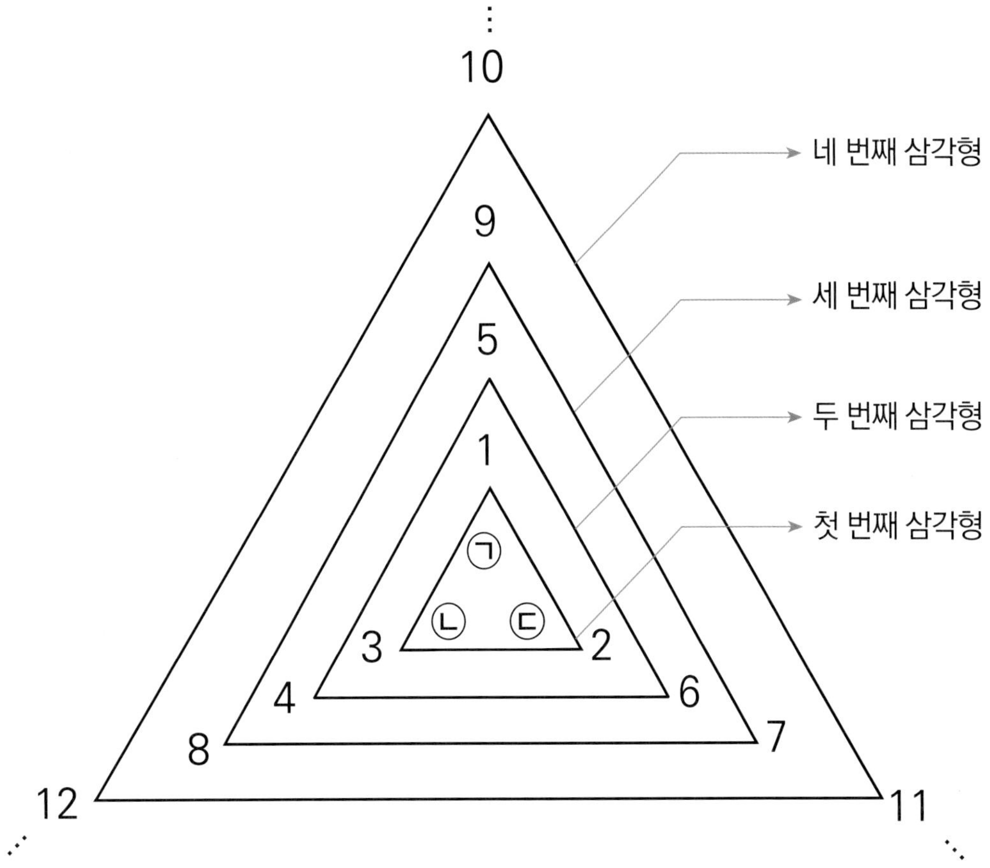

01 아래와 같이 가위바위보 놀이에서 가위는 2, 바위는 4, 보는 6으로 나타낸다고 합니다. 세 사람이 가위바위보 놀이를 해서 이기는 사람이 한 사람인 경우의 규칙을 이용해 아래 빈칸에 알맞은 수를 써넣으세요.

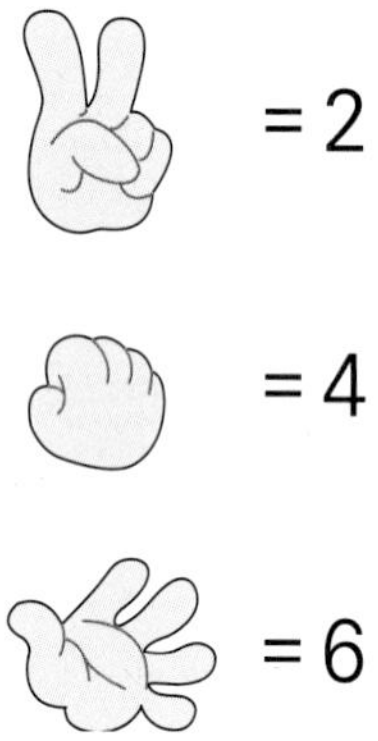

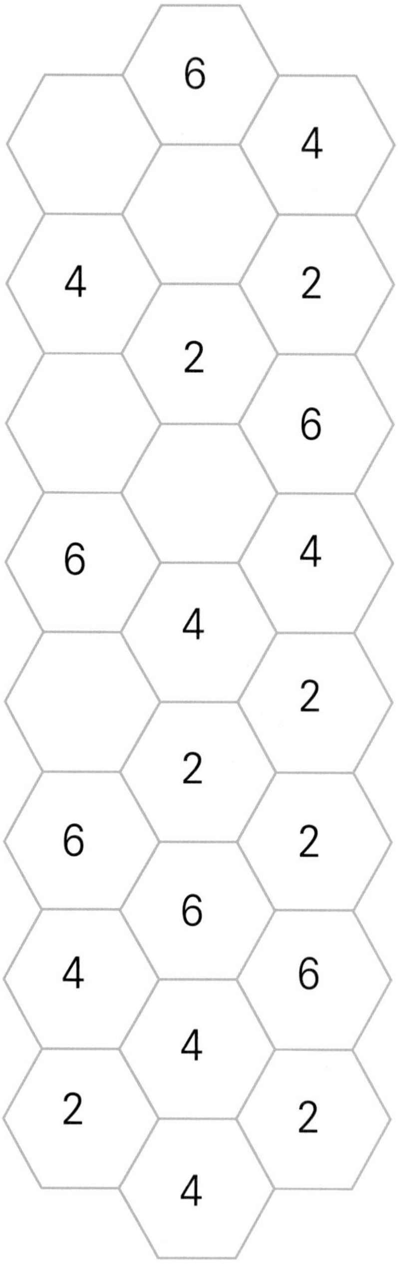

02
창의융합문제

가오슝 영화 도서관
여긴 영화 도서관이래~
영화 보는거야?
도서관?
오늘의 영화가 곧 상영될 예정입니다.
어서 오세요~
우리 티켓 받아서 공짜로 영화 보자!
좋아!
각자 티켓에 적힌 수를 배열표에서 찾아 앉으세요.
각자 적힌 수가 다르네!
나는 11이 적혀있어!
감사합니다~
와!
여기 배열표를 보고 각자 몇 행 몇 열에 앉는지 찾아볼까?
나는 3행 4열이야.
난 어디 앉지?

아래와 같이 극장의 좌석에 규칙적으로 수가 배열되어 있습니다. 제이의 티켓에 적힌 수가 11이므로 3행 4열에 앉습니다. 이때, 무우, 상상, 알알이의 티켓에 적힌 수는 각각 26, 33, 39일 때, 각자 앉을 곳이 몇 행 몇 열일지 적으세요.

스크린

	1열	2열	3열	4열	5열	6열
1행	1	2		3	4	
2행		5	6		7	8
3행	9	10		11	12	
4행		13	14		15	16
5행	17	18		19	20	
	⋮	⋮	⋮	⋮	⋮	⋮

가오슝에서 셋째 날 모든 문제 끝!
타이난으로 이동하는 무우와 친구들에게 어떤 일이 일어날까요?

가장 오래된 암호?

알알아~ 이런 비밀번호는 왜 사용했을까?
띠 띠 띠 띠
?응?
비밀을 지키기 위해서 아니야??
그렇지~ 그럼, 기록으로 남아 있는 가장 오래된 암호는 뭘까?
오~
답은 지금으로부터 2400년 전에 만들어진 '스키테일' 이야.
흠... 뭐지?
음~
흣
자, 이렇게 연필에 긴 종이를 돌돌 만 상태에서 글씨를 쓰고, 펼치면 암호가 되는거야~!
오~
알아 볼 수 없는 암호가 되었네! 신기해~!

4. 암호

타이난 기차역
여기는 과거에 220년 동안 수도였던 곳이래.
와
정말?
역사적인 곳이네~
우리 이제 어디 갈거야?
적감루에 갈거야!
적감루
타이난에서 가장 오래된 건물이고, 네덜란드인이 세웠대.
여기가 적감루구나!
오~
잔디 정원에 상자가 있어!
괜찮아
모르는 물건을 만지면 안될 것 같은데...
한 번 가까이 가보자! 무슨 상자일까?

대만
Taiwan
타이베이
타이중
타이난
가오슝

대만 넷째 날 DAY 4

대만에서 넷째 날, 타이난에 도착했어요. 타이난에 있는 <적감루>, <화원 야시장>, <션농제>, <안평수옥>을 방문할 예정이에요. 자, 그럼 먼저 <적감루>에서는 어떤 수학 문제를 풀게 될까요?

4 단원 살펴보기

1. 암호 상자

암호 상자를 발견했습니다. 4명의 친구들이 서로 다른 수가 적힌 구슬 4개를 각각 동시에 넣었을 때, 어떤 수로 바뀌어서 나왔습니다. 제이가 넣은 주황색 구슬에는 어떤 수가 적혀서 나올까요?

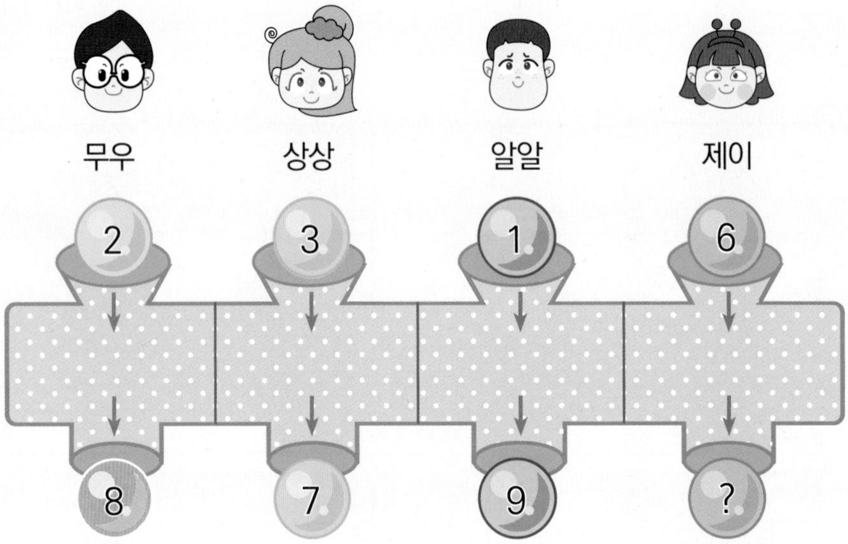

〈암호 상자〉

어떤 물건, 수, 도형을 상자에 넣어서 나올 때, 공통된 변화를 찾아 암호 상자의 규칙을 찾습니다. 아래 암호 상자의 규칙은 빨간색 도형을 넣으면 노란색 도형으로 바뀌어서 나옵니다. 따라서 물음표에 들어갈 도형은  입니다.

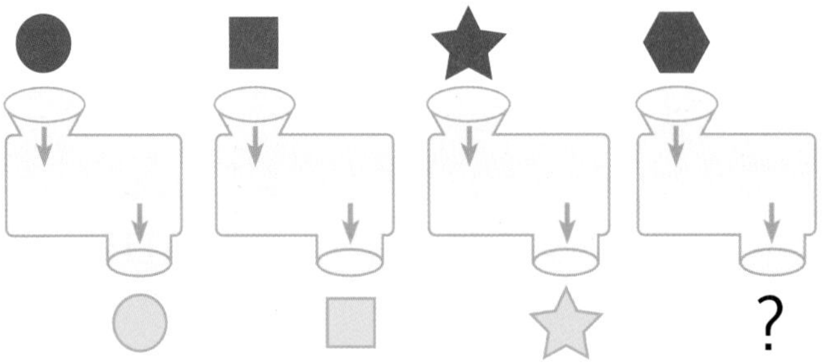

노란색 구슬의 적힌 두 수의 합은 2 + 8 = 10입니다.
초록색 구슬의 적힌 두 수의 합은 3 + 7 = 10입니다.
파란색 구슬의 적힌 두 수의 합은 1 + 9 = 10입니다.
어떤 수가 적힌 구슬을 넣었을 때, 그 구슬의 적힌 수와 새로 나온 구슬의 적힌 수의 합이 10으로 일정합니다.
주황색 구슬의 적힌 수가 6이므로 10 - 6 = 4가 적혀서 나옵니다. (정답)

2. 암호 해독하기

벌써 노을이 지네!
우리 야시장 가자~!
벌써 시간이..
화원 야시장
손 꼭 잡고 다니자!
우리 과일 먹으러 갈까?
사람도 많고 깃발도 많아~!
좋아!
북적
북적
어? 저기 과일 가게에 무슨 수가 적혀 있는데?
무슨 암호 같은데?
과일 이름이 없어.. 뭐지?
이 암호 중 과일이 아닌 것을 찾으면 과일을 공짜로 줄게~
오
여기 암호 해독표가 있어!
한 번 풀어볼까?
그래~ 공짜로 받아보자!

가격표에 적힌 암호를 해독하여 과일이 아닌 것을 찾으세요.

과일 가격표

① 682828 ····· 10위안

② 78419 ······· 7위안

③ 78108 ······· 8위안

④ 101958 ······ 9위안

암호	1	2	3	4	5	6	7	8	9	0
해독	ㄱ	ㄴ	ㄷ	ㄹ	ㅁ	ㅂ	ㅅ	ㅏ	ㅜ	ㅗ

〈암호 표〉

정답

아래의 암호 해독표를 보고 수를 글자로 나타냅니다.

암호	1	2	3	4	5	6	7	8	9	0
해독	ㄱ	ㄴ	ㄷ	ㄹ	ㅁ	ㅂ	ㅅ	ㅏ	ㅜ	ㅗ

〈암호 해독표〉

① 682828 ⇒ ㅂ ㅏ ㄴ ㅏ ㄴ ㅏ ⇒ 바나나

② 78419 ⇒ ㅅ ㅏ ㄹ ㄱ ㅜ ⇒ 살구

③ 78108 ⇒ ㅅ ㅏ ㄱ ㅗ ㅏ ⇒ 사과

④ 101958 ⇒ ㄱ ㅗ ㄱ ㅜ ㅁ ㅏ ⇒ 고구마

과일이 아닌 것은 ④ 101958으로 고구마입니다 (정답)

1 단계 . 암호 상자

선농제
예술가 거리라 빈티지한 물건이 많은 곳이래.
와~!
구경하자~!
전등이 엄청 많네!
빨간색 상자랑 파란색 상자가 있어!
도형을 넣으면 바뀌네~
5
그러게. 적혀있는 수도 바뀌는걸?

빨간색 상자와 파란색 상자가 있습니다. 두 상자의 규칙을 각각 찾아 물음표에 들어갈 도형과 수를 각각 그리세요.

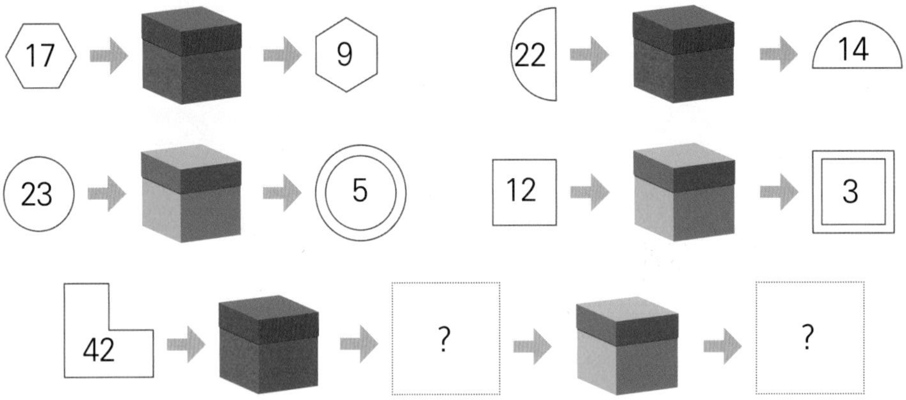

17
9
22
14
23
5
12
3
42
?
?

Step 1 빨간색 상자와 파란색 상자에서 도형과 수의 규칙을 각각 적으세요.

Step 2 규칙에 맞게 42가 적힌 도형을 빨간색 상자에 넣었을 때, 어떤 도형과 수가 나오는지 그리세요.

42

Step 3 위 Step 2 에서 찾은 도형과 수를 파란색 상자에 넣었을 때, 어떤 도형과 수가 나오는지 그리세요.

풀이

Step 1 〈빨간색 상자의 규칙〉

① 도형이 오른쪽으로 반의 반 바퀴 돌아갑니다.

② 도형에 적힌 수가 17 에서 17 - 8 = 9가 되고 22에서 22 - 8 = 14가 되므로 처음의 적힌 수에서 8을 뺀 수가 나옵니다.

〈파란색 상자의 규칙〉

① 같은 모양의 크기가 큰 도형이 바깥쪽에 1개가 더 생깁니다.

② 도형에 적힌 수가 23 에서 2 + 3 = 5가 되고 12에서 1 + 2 = 3이 되므로 도형에 적힌 수의 각 자리 숫자의 합이 나옵니다.

Step 2 42가 적힌 도형을 빨간색 상자에 넣었을 때, 먼저 도형은 오른쪽으로 반의 반 바퀴가 돌아갑니다.
숫자는 42 - 8 = 34로 바뀌 나옵니다.

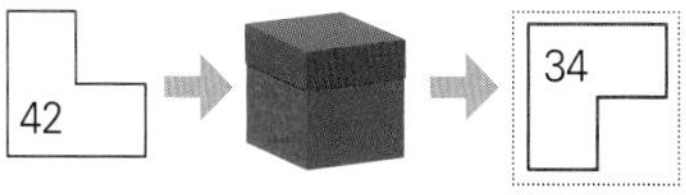

〈그림 1〉

오른쪽 〈그림 1〉과 같이 34가 적힌 도형이 나옵니다.

Step 3 **Step 2** 위에서 찾은 〈그림 1〉을 파란색 상자에 넣었을 때 도형은 1개가 더 생기고, 34는 3 + 4 = 7으로 바뀌 적혀 나옵니다.
따라서 〈그림 2〉와 같이 7이 적힌 도형이 나옵니다.

정답 : 풀이 과정 참조

〈그림 2〉

확인하기

아래와 같이 어떤 수가 적힌 구슬 한 개를 넣으면 다른 수가 적힌 구슬이 나오는 암호 상자가 있습니다. 암호 상자의 규칙을 찾아 물음표에 들어갈 수를 구하세요.

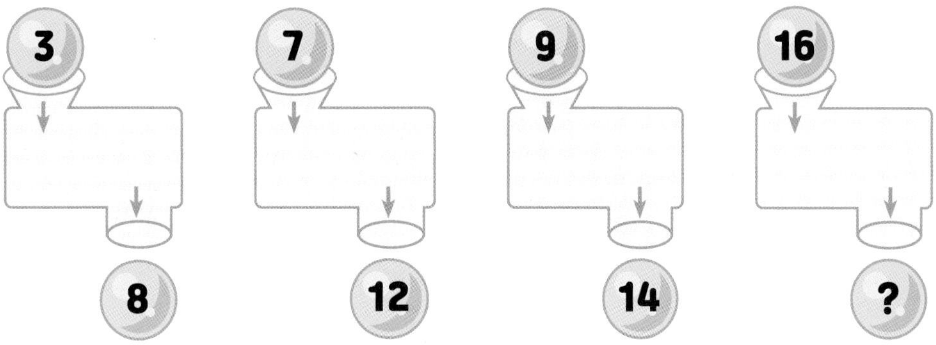

2 단계 . 암호 해독하기

안평수옥
대만의 앙코르왓을 보러가자!
오~ 기대된다~!
나무들이 건물을 다 감았어!
와~!
정말 앙코르 유적지 같아!
저기 있는 전망대에 가볼까?
좋아!
전망대
힘들지만..
수부미학는있공재다!
암호
함는운께즐여하거행~
??
무슨 암호야..?

무우, 상상이가 암호로 아래와 같이 말했습니다. 해독판에 암호를 적어 암호를 해독하세요.

무우 : 수부미학는있공재다 ➡ ________________

상상 : 함는운께즐여하거행 ➡ ________________

▲ 해독

▲ 암호 해독판

Step 1 암호 해독판에 세 글자씩 적어 내려갑니다.

▲ 무우 암호

▲ 상상 암호

Step 2 암호판에 적은 글자를 읽어 해독한 것을 적으세요.

무우 : 수부미학는있공재다 ➡ ________________

상상 : 함는운께즐여하거행 ➡ ________________

Step 1 무우 : "수부미학는있공재다" 과 상상: "함는운께즐여하거행" 을 각각 가로 방향으로 세 글자씩 적으면 아래와 같습니다.

가로 →, 세로 ↓

수	부	미
학	는	있
공	재	다

▲ 무우 암호

가로 →, 세로 ↓

함	는	운
께	즐	여
하	거	행

▲ 상상 암호

또는 세로 방향으로 세 글자씩 적은 후, 가로 방향으로 세 글자씩 읽으면 똑같은 문장이 나옵니다.

Step 2 암호 해독판에 적은 글자를 세로 방향으로 세 글자씩 읽습니다.
무우 : "수학공부는재미있다", 상상 : "함께하는즐거운여행" 이 됩니다.

정답 : 무우 : "수학공부는재미있다", 상상 : "함께하는즐거운여행"

확인하기 1 한글 카드를 암호로 바꿔 적었습니다. 빈칸에 알맞게 암호로 바꿔 적으세요.

바 → 머   너 → 가   감 → 넙

반 갑 → ☐ ☐

확인하기 2 해독판을 이용하여 주어진 문장을 암호로 나타내세요.

▲ 암호 해독판

문장 : 친구들과 함께 가는 수학여행

↓

암호 : ______________________

01 제이는 단어를 그림으로 나타내는 암호 일기를 적었습니다. 암호를 해독하여 올바른 단어로 바꿔 적으세요.

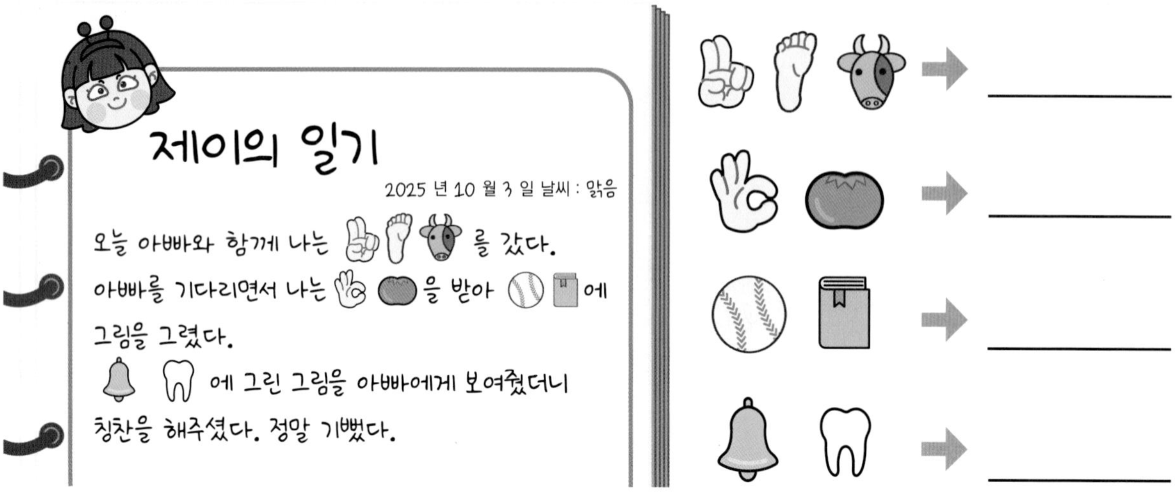
제이의 일기
2025 년 10 월 3 일 날씨 : 맑음
오늘 아빠와 함께 나는 를 갔다.
아빠를 기다리면서 나는 을 받아 에
그림을 그렸다.
에 그린 그림을 아빠에게 보여줬더니
칭찬을 해주셨다. 정말 기뻤다.

02 어떤 수가 적힌 구슬 한 개를 넣으면 다른 수가 적힌 구슬이 나오는 암호 상자가 있습니다. 암호 상자의 규칙을 찾아 물음표에 들어갈 수를 구하세요.

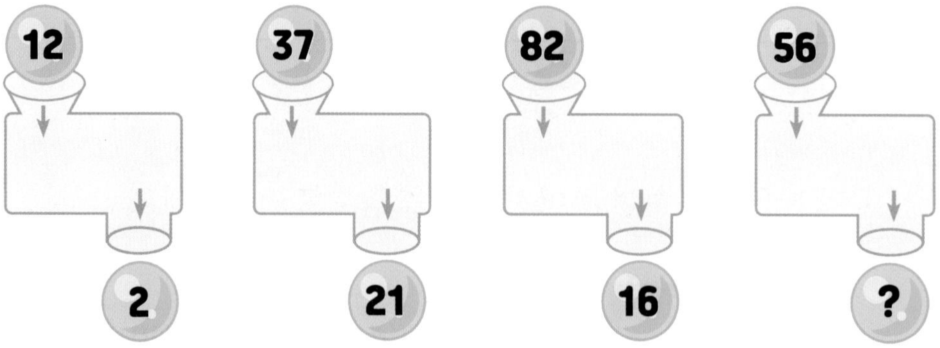
12
37
82
56
2
21
16
?

정답 및 풀이 P.19

03 <보기>와 같이 암호가 적혀있습니다. 주어진 암호를 해독하여 선으로 알맞게 연결하세요.

보기

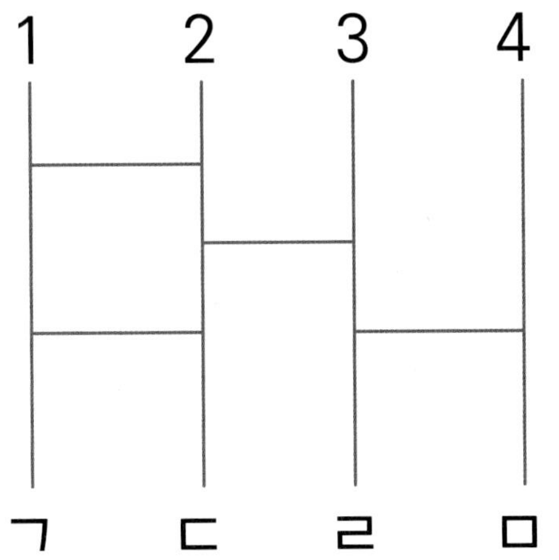

241 123 324

고드름 다리미 막대기

04 암호 해독표를 보고, 과일 단어를 알맞은 암호로 바꿔 적으세요.

암호	1	2	3	4	5	6	7	8	9	0
해독	A	B	C	E	G	L	M	N	O	P

MANGO ➜ ________ APPLE ➜ ________

LEMON ➜ ________ BANANA ➜ ________

4 연습문제

05 <보기>의 규칙을 찾아 빈칸에 알맞은 글자를 써넣으세요.

보기

…닫 ■ 단 ■ 닥 ■ 다 ● 더 ● 도 ● 두…

▲
라
▲
마
▲
바
⋮

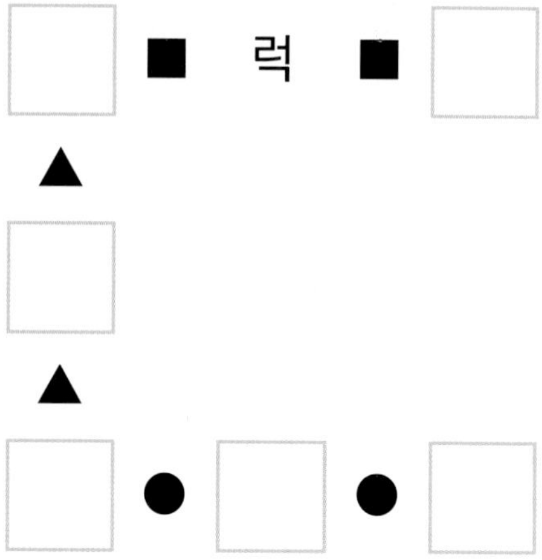

06 어떤 수가 적힌 구슬 두 개를 넣으면 다른 수가 적힌 구슬이 나오는 암호 상자가 있습니다. 암호 상자의 규칙을 찾아 물음표에 들어갈 수를 구하세요

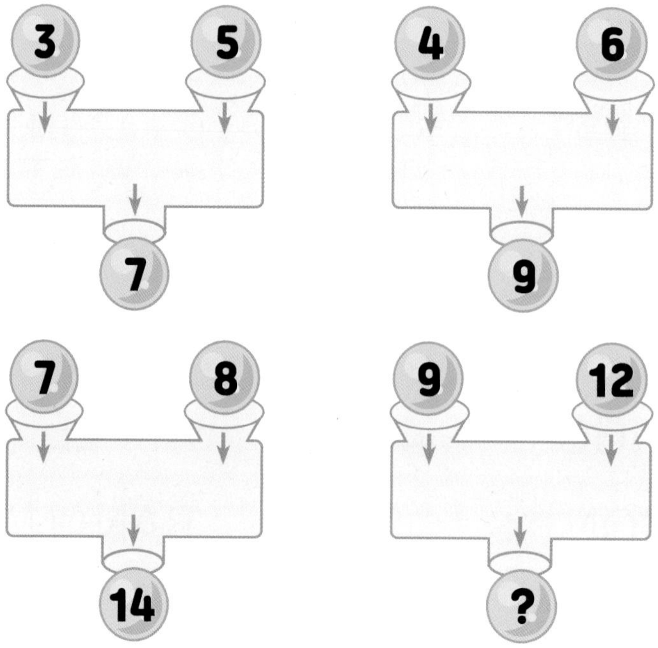

07 구슬에 적힌 수가 화살표 방향에 따라 변하는 규칙이 있습니다. 규칙을 찾아 ㉠, ㉡, ㉢, ㉣ 에 들어갈 알맞은 수를 각각 구하세요.

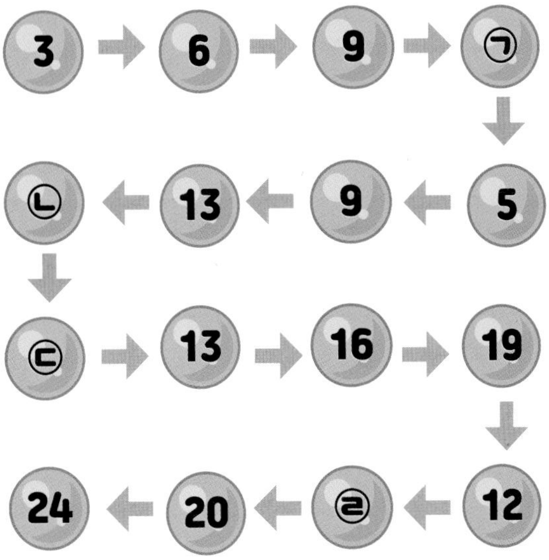

08 도형 암호를 수로 나타냈습니다. 주어진 도형 암호를 수로 바꿔 나타내세요.

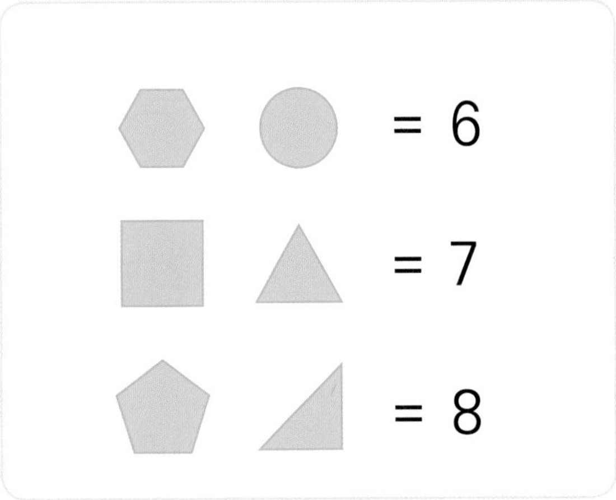

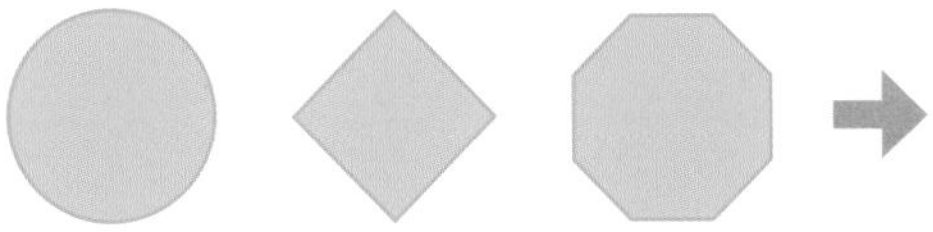

____

09

암호 해독표를 보고 속담을 알맞은 암호로 바꿔 적으세요.

암호	ㅇ	ㅈ	ㅊ	ㅋ	ㅌ	ㅍ	ㅎ
해독	ㄱ	ㄴ	ㄷ	ㄹ	ㅁ	ㅂ	ㅅ

암호	ㄱ	ㄴ	ㅜ	ㅣ	ㅓ	ㅗ	ㅏ
해독	ㅍ	ㅇ	ㅏ	ㅡ	ㅜ	ㅣ	ㅗ

목마른 사람이 우물을 판다.

↓

____

10

암호 해독표의 예시를 보고 단어를 알맞은 암호로 바꿔 적으세요.

	㉠	㉡	㉢
1	ㅂ	ㅅ	ㄹ
2	ㅏ	ㅓ	ㄱ
3	ㅣ	ㅗ	ㅁ

바람 → 1㉠2㉠1㉢2㉠3㉢

〈예시〉

로봇
→ ______________

김밥
→ ______________

서랍
→ ______________

11 빨간색, 파란색, 초록색 상자의 규칙을 각각 찾아 물음표에 들어갈 도형을 그리세요.

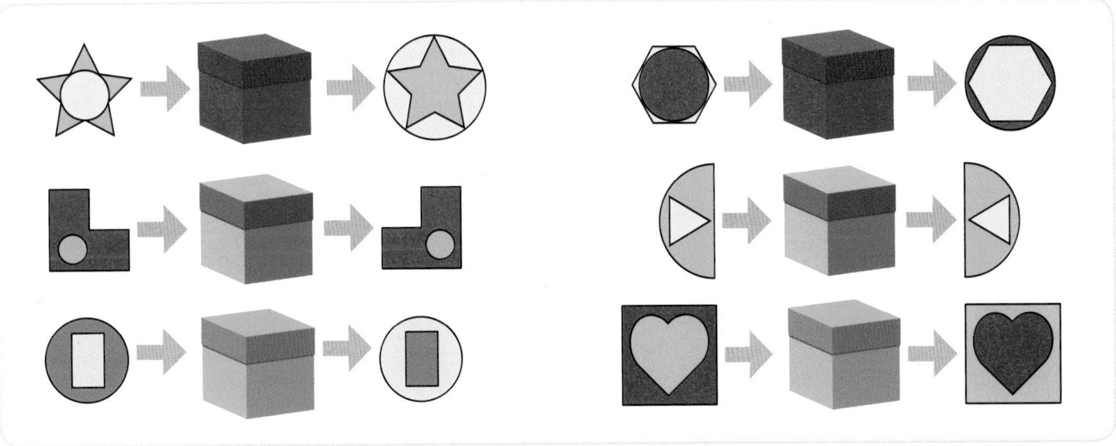

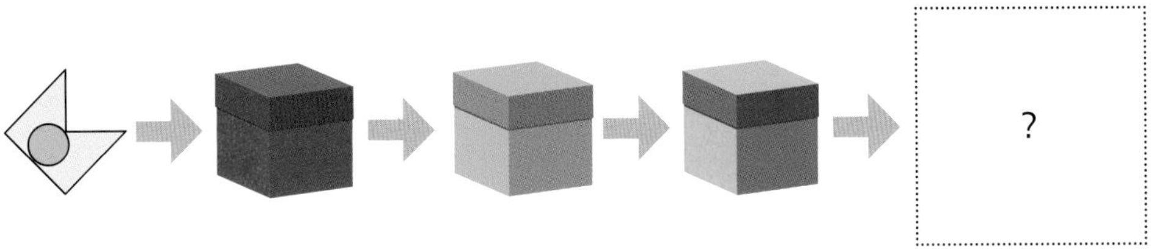

12 암호를 영어단어로 나타냈습니다. 암호 해독표에 알맞은 알파벳을 빈칸에 적어 완성하고, 주어진 암호를 알맞은 단어로 해독하세요.

1478 2440 → NOTE BOOK
5896 38 → HELP ME

암호	1	2	3	4	5	6	7	8	9	0
해독										

54789 → ____________ 684698 → ____________

01 〈암호문〉과 〈예시〉가 있습니다. 주어진 식을 해독했을 때, 물음표에 들어갈 수를 암호문으로 그리세요.

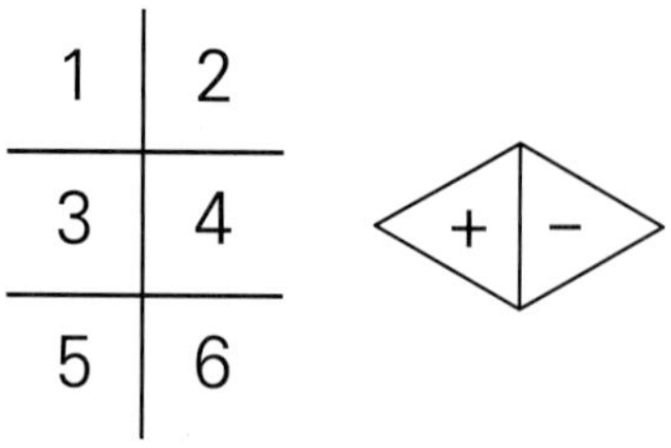

〈암호문〉

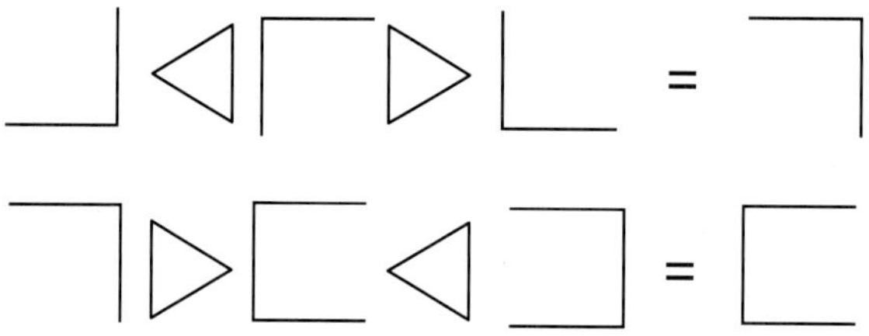

〈예시〉

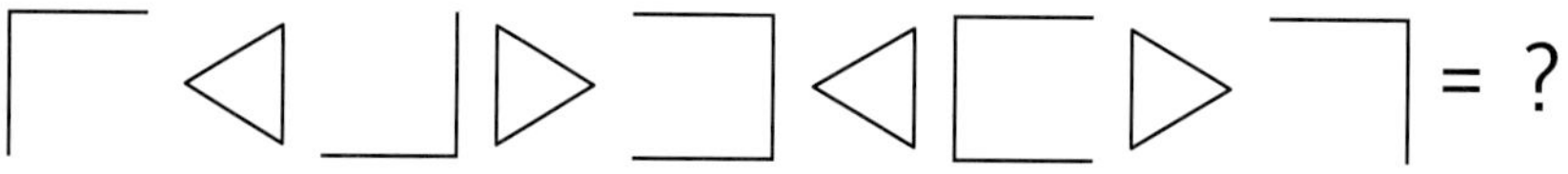

정답 및 풀이 P.23

02 알파벳을 모스부호로 나타낸 것입니다. 주어진 단어를 모스부호로 바꿔 적으세요.

A	●—	H	●●●●	O	———	V	●●●—
B	—●●●	I	●●	P	●——●	W	●——
C	—●—●	J	●———	Q	——●—	X	—●●—
D	—●●	K	—●—	R	●—●	Y	—●——
E	●	L	●—●●	S	●●●	Z	——●●
F	●●●—●	M	——	T	—		
G	——●	N	—●	U	●●—		

LOVE ➡ ______________________________

WISH ➡ ______________________________

03 점을 연결해 만든 암호를 수로 해독한 것입니다. 주어진 암호를 알맞게 해독하세요.

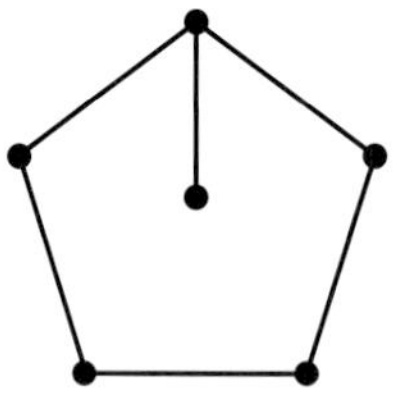
→ 322221

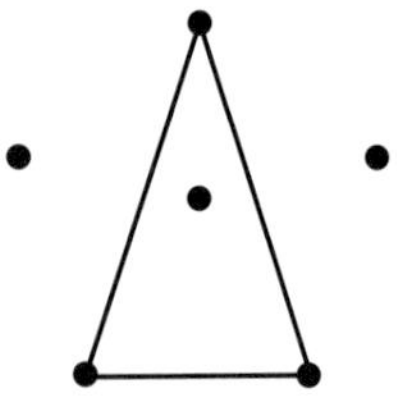
→ 202200

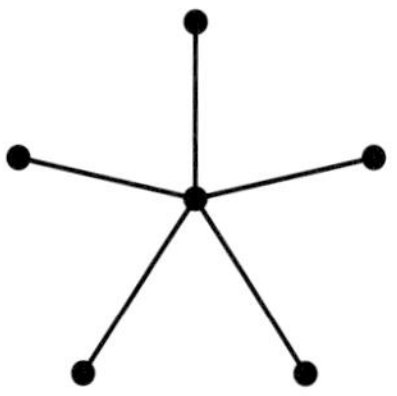
→ 111115

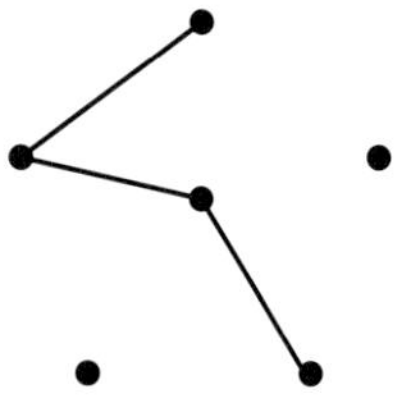
→ 101022

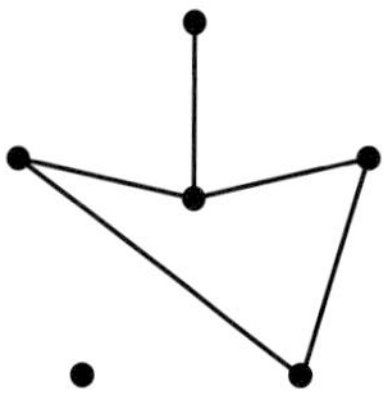
→ ____________

04 아래와 같이 도형 암호를 수로 나타냈습니다. 물음표에 들어갈 알맞은 수를 구하세요.

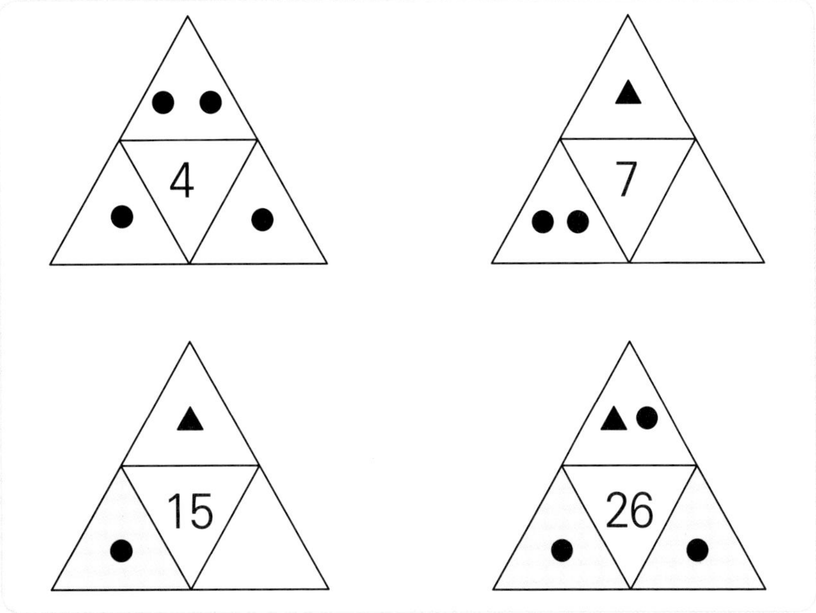

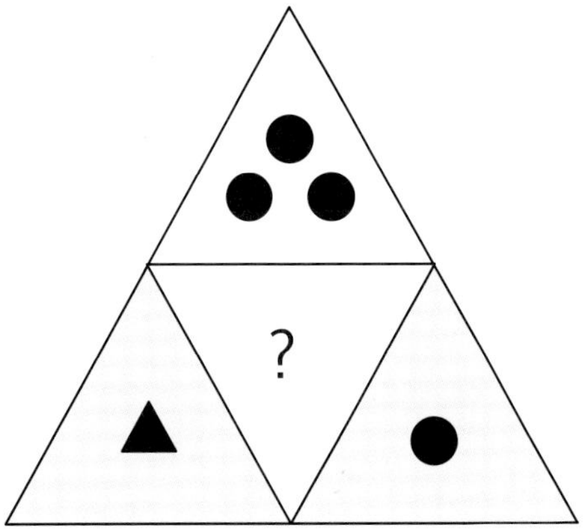

01 무우의 휴대 전화 버튼입니다. 〈예시〉와 같이 무우가 누른 버튼의 순서를 보고 알맞은 문장으로 바꿔 적으세요.

사랑해 → 773 5530 0032

〈예시〉

56 5225 *2 1227 7#6 0032
535 190 8# *#0 02 033

→ ____________________

정답 및 풀이 P.25

근처에 공원
이 있을 텐데..
음~?
어디 있지..?
어? 여기
공원 지도가 있어!
우리 이 공원을
통과해야 해!
여기 화살표를
따라가면, 공원을
빠져나갈 수 있대.
오~
정말?
얼른 가보자!
그래!
옆에 예시도
있네~
2 1 1 2 1 1
출발
도착
예시를 보면…. 각
화살표가 나타내는
숫자는 각 칸의
수일까?
역시 똑똑해~
음
맞아~ 얼른 출발점과
도착점을 찾아보자!

예시를 보고 화살표가 나타내는 선을 그려 출발점과 도착점을 각각 찾으세요.

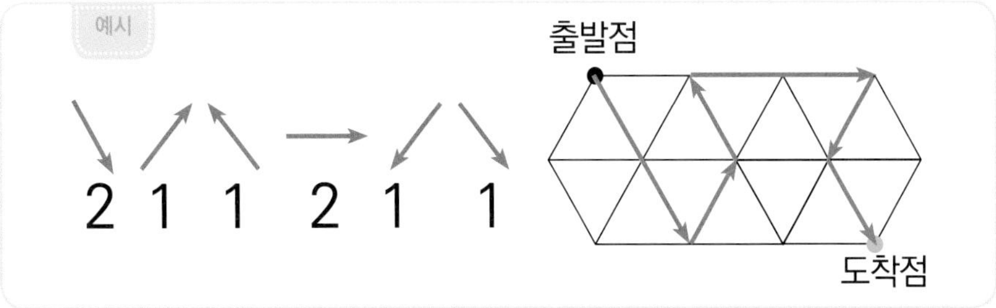
예시
출발점
2 1 1 2 1 1
도착점

3 2 1 2 2 1 2

타이난에서 넷째 날 모든 문제 끝!
화롄로 이동하는 무우와 친구들에게 어떤 일이 일어날까요?

도형 속 연산 기호 찾기

덧셈과 뺄셈에는 반드시 + 와 - 를 써야 해?
당연하지! 전 세계 사람들이 사용하고 있으니까.
에헴.
하지만 나는 다르게 써보고 싶어!
짜잔~!
이게 뭐야? 네가 만든 연산 기호야?
??
응! 삼각형과 사각형이 각각 어떤 연산 기호인지 맞춰봐!
3 △ 5 = 8
5 △ 2 = 7
6 △ 7 = 13
6 □ 3 = 3
11 □ 2 = 9
5 □ 1 = 4
△는 덧셈을 나타내네~ 맞지?
6 □ 3 = 3
11 □ 2 = 9
5 □ 1 = 4 이니깐, □는 뺄셈이네!
훗~
맞아! 나는 + 를 △으로 - 를 □로 바꿔 적었어!
히히

5. 새로운 연산 기호

2시간 동안 기차를 타고 화롄으로 갈 거야.
우리 다음은 어디로 가?
힐링 여행지인 화롄으로 가는 열차입니다.
와
힐링하러 간다~!
기대되네~
푸른색의 자갈 해변 '칠성탄' 을 갈 거야~ 눈이 힐링 되겠지?
무슨 힐링을 하러 가는 건데?
칠성탄 해변
여기 자갈 사이에 수가 적힌 구슬이 있어!
와~ 엄청 푸른색이야!
오오
그 옆에 상자도 있네?

타이베이
대만
Taiwan
타이중
화롄
타이난
가오슝

대만 다섯째 날 DAY 5

대만에서 다섯째 날, 화롄에 도착했어요. 화롄에 있는 <칠성탄 해변>, <타이루거 협곡>, <리위탄>, <동대문 야시장>을 방문할 예정이에요. 자, 그럼 먼저 <칠성탄 해변>에는 무엇이 있을까요?

1. 연산 약속에 맞게 계산하기

상상이는 0부터 7까지 적힌 구슬을 발견했습니다. 이 구슬 중 2개를 상자에 넣어서 나온 결과가 12가 될 때, 가능한 (㉠, ㉡)을 모두 구하세요.

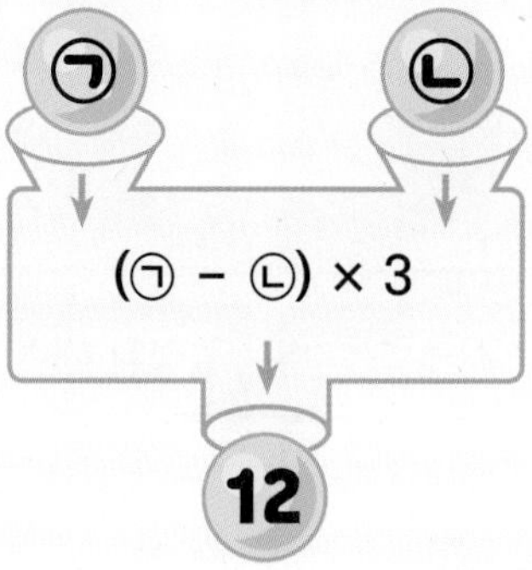

〈연산 약속〉

기호는 어떤 연산 약속을 간단히 나타낸 것입니다.

기호 ★, ●, ■, ▲ 와 같이 도형을 이용해 새로운 약속된 기호를 만들 수 있습니다.

괄호가 있는 식에서는 괄호 안에 있는 연산 기호부터 계산합니다.

괄호가 없는 식에서는 앞에 있는 연산 기호부터 차례대로 계산합니다.

(㉠ − ㉡) × 3 = 12이므로 (㉠ − ㉡) = 4가 되어야 합니다.
주어진 0부터 7까지 두 수의 차가 4인 경우는 모두 4가지 경우가 있습니다.
따라서 (㉠ − ㉡) × 3 = 12을 만족하는 (㉠, ㉡) 은 (7, 3), (6, 2), (5, 1), (4, 0)입니다. (정답)

7 - 3 = 4　6 - 2 = 4　5 - 1 = 4　4 - 0 = 4

2. 새로운 연산 약속 찾기

타이루거 협곡 입구
헬멧을 쓰고 협곡을 갈 거야!
어떤 절벽이 있을까?
안전해야 해~
절경이 엄청 멋있다!
와~
계곡도 있어~
꼬르륵~
배가 너무 고파..
조금만 힘내, 곧 식당에 도착해!
여기 식당 간판이 특이 한걸?
오~?
그러게? 간판에 도형이 있네?
얼른 들어가자!
메뉴판입니다~! 주문할 때 불러주세요.
어라?
메뉴판에도 도형이 있네?
에휴
●와 ■의 규칙이 있는걸?
메뉴를 알 수 없잖아….

아래 기호 ● 와 ■ 는 어떤 수를 더하거나 빼는 규칙을 가지고 있습니다. 11 ●■● 는 얼마일까요?

메뉴	메뉴
5● = 1	4■ = 9
8● = 4	6■ = 11
13● = 9	12■ = 17
20● = 16	19■ = 24

정답

● 의 규칙 : 5보다 작은 수인 1, 8보다 작은 수인 4, 13보다 작은 수인 9, 20보다 작은 수인 16이 나오므로 어떤 수만큼 빼는 규칙을 가지고 있습니다.
5 - 4 = 1, 8 - 4 = 4, 13 - 4 = 9, 20 - 4 = 16 이므로 ● 는 4만큼 빼는 규칙을 가지고 있습니다.

■ 의 규칙 : 4보다 큰 수인 9, 6보다 큰 수인 11, 12 보다 큰 수인 17, 19보다 큰 수인 24가 나오므로 어떤 수만큼 더하는 규칙을 가지고 있습니다.
4 + 5 = 9, 6 + 5 = 11, 12 + 5 = 17, 19 + 5 = 24로 ■ 는 5만큼 더하는 규칙을 가지고 있습니다.

11 ●■● 를 위 규칙에 맞게 적으면 11 - 4 + 5 - 4입니다. 따라서 계산 결과는 8입니다. (정답)

1 단계 . 연산 약속에 맞게 계산하기

휴~ 이제 배부르다! 다음은 어디로 가지?
리위탄으로 갈 거야!
헤헤
리위탄
리위탄 호수구나!
우리도 탈 거야!
저기서 보트 타고 싶어!
와~
동굴로 들어간다~
어두워서 조금 무서워..
우우
여기 봐. 반딧불이야! 예쁘지?
반딧불이의 빛 때문에 절벽의 식이 보이네.
저 식대로라면 2 ♥ (4 ★ 3) 와 (2 ♥ 4) ★ 3 는 같을까, 다를까?
이제 안 무서워~
와~

아래 연산 약속에 맞게 2 ♥ (4 ★ 3) 와 (2 ♥ 4) ★ 3 의 계산한 결과값을 각각 구한 후 서로 같은지 다른지 구하세요.

㉠ ★ ㉡ = (㉠ − ㉡) × ㉠
㉠ ♥ ㉡ = (㉠ × ㉡) − ㉠

Step 1 2 ♥ (4 ★ 3)을 약속에 맞게 순서대로 계산하세요.

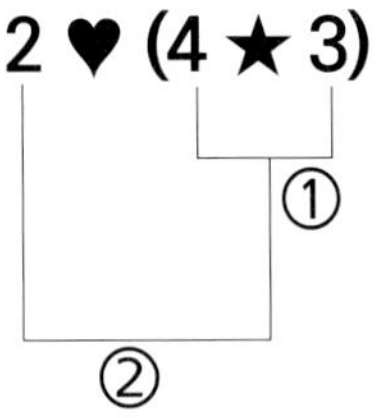
2 ♥ (4 ★ 3)
①
②

Step 2 2 ♥ (4 ★ 3)을 약속에 맞게 순서대로 계산하세요.

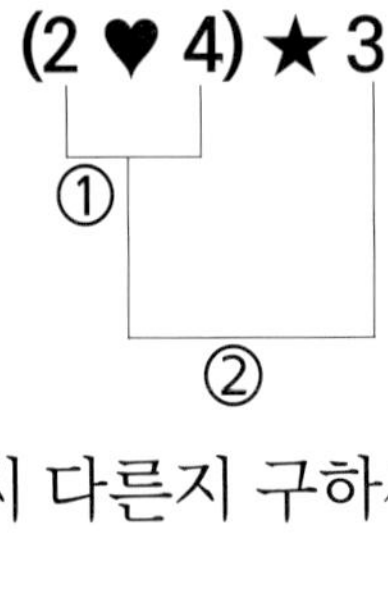
(2 ♥ 4) ★ 3
①
②

Step 3 위 계산 결과가 서로 같은지 다른지 구하세요.

Step 1 〈그림 1〉과 같이 4 ★ 3 = (4 − 3) × 4 = 4입니다. ② : 2 ♥ 4 = (2 × 4) − 2 = 8 − 2 = 6입니다.
따라서 계산 결과는 6 입니다.

Step 2 〈그림 2〉와 같이 2 ♥ 4 = (2 × 4) − 2 = 8 − 2 = 6입니다. ② : 6 ★ 3 = (6 − 3) × 6 = 3 × 6 = 18입니다.
따라서 계산 결과는 18입니다.

Step 3 따라서 2 ♥ (4 ★ 3) = 6이고 (2 ♥ 4) ★ 3 = 18으로 계산 결과는 서로 다릅니다.

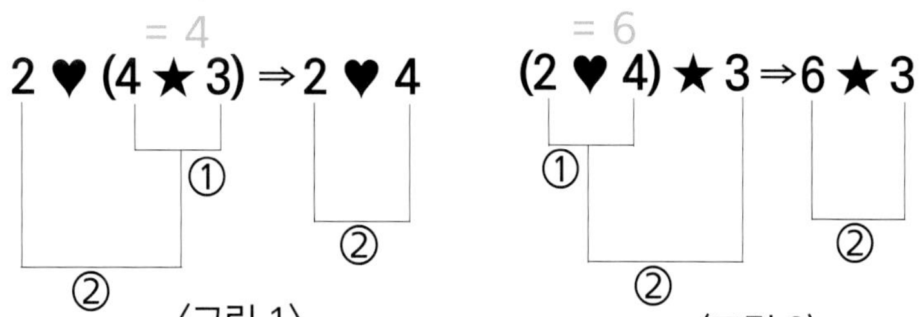

〈그림 1〉 〈그림 2〉

정답 : 2 ♥ (4 ★ 3) = 6, (2 ♥ 4) ★ 3 = 18,
계산 결과는 서로 다릅니다.

확인하기 1

㉠ ● ㉡ = (두 수 ㉠, ㉡ 의 차) × 4입니다. ㉠ = 10일 때, ㉠ ● ㉡ = 20이 되었습니다. ㉡ 이 될 수 있는 수를 모두 구하세요.

확인하기 2

㉠ ▲ ㉡ 는 ㉠ 에서 ㉡ 을 3번 빼고 ㉠ △ ㉡ 는 ㉡ 에서 ㉠ 을 3번 뺍니다. 이 규칙을 따라 (7 ▲ 2) △ 9를 구하세요.

2 단계 . 새로운 연산 약속 찾기

동대문 야시장
히히히
대만은 역시 야시장이지~
우리 대만에 먹으러 왔나 봐.
열심히 문제도 풀고 있지~
여긴 노점상이 400개가 넘는대.
와~
저기 게임 하러 가자!
엄청 많다!
자! 이 문제를 풀면 공짜로 풍선을 줄게.
풍선 갖고 싶어~ 언니 오빠들이 풀어주면 안 돼?
오~
와
흠.. ▲의 규칙을 먼저 찾아볼까?
2와 3을 합. 차. 곱 해보자!
제이가 기다리니까, 금방 풀어버리자~

연산 기호 ▲ 의 규칙을 찾아 (3 ▲ 1) ▲ 1 를 구하세요.

2 ▲ 3 = 10　　3 ▲ 5 = 16

6 ▲ 1 = 14　　7 ▲ 2 = 18

Step 1 기호 ▲ 에 주어진 두 수의 합, 차, 곱을 구하여 표를 완성하세요.

주어진 수	합	차	곱
2, 3	2 + 3 = 5	3 − 2 = 1	2 × 3 = 6
3, 5			
6, 1			
7, 2			

Step 2 위 표에 어떤 수를 더하거나 빼거나 곱하여 계산 결과가 나올수 있는지 연산 기호 약속을 쓰세요.

㉠ ▲ ㉡ = ____________________

Step 3 위 연산 기호 약속에 따라 (3 ▲ 1) ▲ 1 의 계산 결과를 구하세요.

Step 1 〈표〉와 같이 빈칸에 알맞은 식을 적어 계산합니다.

주어진 수	합	차	곱
2, 3	2 + 3 = 5	3 − 2 = 1	2 × 3 = 6
3, 5	3 + 5 = 8	5 − 3 = 2	3 × 5 = 15
6, 1	6 + 1 = 7	6 − 1 = 5	6 × 1 = 6
7, 2	7 + 2 = 9	7 − 2 = 5	7 × 2 = 14

〈표〉

Step 2 계산 결과가 10, 16, 14, 18이 되기 위해서 위 〈표〉에서 찾은 합의 결과값에 2를 곱하면 됩니다.

2 ▲ 3 = (2 + 3) × 2 = 10,　　3 ▲ 5 = (3 + 5) × 2 = 16,
6 ▲ 1 = (6 + 1) × 2 = 14,　　7 ▲ 2 = (7 + 2) × 2 = 18

따라서 ㉠ ▲ ㉡ 의 규칙은 (㉠ + ㉡) × 2입니다.

Step 3 위 규칙에 따라 (3 ▲ 1) ▲ 1 에서 괄호 안을 먼저 계산합니다.

3 ▲ 1 = (3 + 1) × 2 = 4 × 2 = 8입니다.

이어서 8 ▲ 1 = (8 + 1) × 2 = 18입니다.

정답 : (3 ▲ 1) ▲ 1 = 18

확인하기 1

기호 ● 는 아래와 같은 규칙을 가지고 있습니다. (11 ● 15) ● 17 는 얼마일까요?

1 ● 8 = 21　　3 ● 5 = 6
5 ● 9 = 12　　4 ● 7 = 9

확인하기 2

● 와 ○ 는 아래와 같은 연산 규칙을 가지고 있습니다. 5 ● ○ ○ 는 얼마일까요?

(8 ●) ○ = 10　　(8 ○) ● = 10　　8 ○ ○ = 2

01 ㉠ ▩ ㉡ = (두 수 ㉠, ㉡ 의 합) + (두 수 ㉠, ㉡ 의 차) 입니다. ㉠ = 7일 때, ㉠ ▩ ㉡ = 18이 되었습니다. ㉡ 은 어떤 수일까요?

02 아래의 기호 ★ 의 규칙을 찾아 4 ★ (2 ★ 6) 을 구하세요.

3 ★ 2 = 1
7 ★ 3 = 16
4 ★ 8 = 27
10 ★ 1 = 5

03 아래의 기호 ▲ 와 △ 의 연산 규칙에 따라 (2 △ 3) ▲ 5 를 구하세요.

㉠ ▲ ㉡ = (㉠ × ㉡) + ㉠
㉠ △ ㉡ = (㉠ × ㉡) + ㉡

04 기호 ☆ 의 규칙에 따라 계산하였습니다. 이 연산 규칙에 대해 무우, 상상, 알알는 아래와 같이 대화를 했습니다. 기호 ☆의 연산 규칙에 대해 잘못 말한 사람은 누구일까요?

2 ☆ 10 = 9   9 ☆ 5 = 11

6 ☆ 7 = 10   8 ☆ 3 = 8

무우 : 위의 규칙대로 15 ☆ 6 은 18이야!

상상 : 위의 규칙에 따라 21 ☆ 4 은 20이야!

알알 : ☆ 의 규칙은 두 수를 합한 다음 3을 뺀 거야!

05 기호 ▲ 의 규칙에 따라 빈칸에 들어갈 수를 구하세요.

4 ▲ 2 = 4
3 ▲ 6 = 6
2 ▲ 7 = 10
9 ▲ 1 = 16

2 ▲ (8 ▲ 5) ▲ 1 = □

06 아래의 기호 ● 와 ○ 는 각각 다른 연산 규칙을 가지고 있습니다.
3 ● ● ○ 는 얼마일까요?

5 ● ○ = 14
(5 ○) ● = 18
5 ○ ○ = 13

07 상자에 적힌 규칙에 따라 어떤 수 ㉠, ㉡ 을 넣어서 10이 나왔을 때, 가능한 (㉠, ㉡) 을 모두 구하세요.

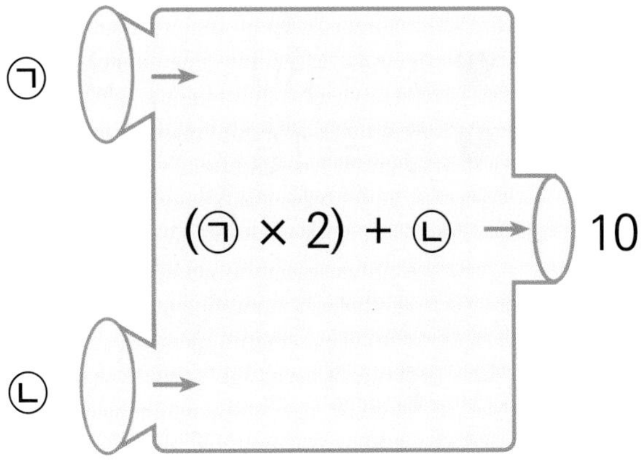

08 연산기호 ◆ 의 규칙을 찾아서 ㉠ 에 들어갈 수를 구하세요.

10 ◆ 3 = 4	12 ◆ 5 = 2
9 ◆ 4 = 1	11 ◆ 2 = 7

21 ◆ ㉠ = 9

09 기호 ♥ 의 규칙을 찾아 ㉠ ♥ ㉡ 를 사칙연산 식으로 나타내세요.

5 ♥ 1 = 30	3 ♥ 4 = 21
2 ♥ 6 = 16	8 ♥ 1 = 72

㉠ ♥ ㉡ = ____________

10 기호 ★ 의 연산 규칙을 보고 A 에 들어갈 수를 모두 구하세요.

㉠ ★ ㉡ = ㉠부터 ㉡까지 모든 짝수의 합

〈예시〉
1 ★ 7 = 2 + 4 + 6 = 12
4 ★ 8 = 4 + 6 + 8 = 18

(3 ★ 7) ★ 15 = 6 ★ A

정답 및 풀이 P.29

11 기호 ▲ 와 △ 의 규칙을 찾아 (3 △ 4) ▲ 7 를 구하세요.

1 ▲ 5 = 20	6 △ 7 = 36
3 ▲ 6 = 18	4 △ 2 = 4
7 ▲ 2 = 10	5 △ 3 = 10
8 ▲ 4 = 16	2 △ 9 = 16

12 기호 ● 와 ○ 는 각각 다른 연산 규칙을 가지고 있습니다. (6 ○) ● 와 (6 ●) ○ 는 각각 얼마일까요?

(1 ●) ○ = 1

(3 ○) ● = 4

(5 ●) ○ = 9

01 연산기호 ★ 의 규칙입니다. ㉠ 과 ㉡ 이 서로 다른 한 자리 수일 때, ㉠ ★ ㉡ = ㉡ ★ ㉠ 을 만족하는 (㉠, ㉡) 을 모두 구하세요.

$$㉠ ★ ㉡ = (㉠ \times ㉠) + ㉡$$

02 △ 와 ○ 를 이용해서 여러 가지 수를 나타냈습니다. 이 규칙을 따라 물음표에 들어갈 알맞은 수를 적으세요.

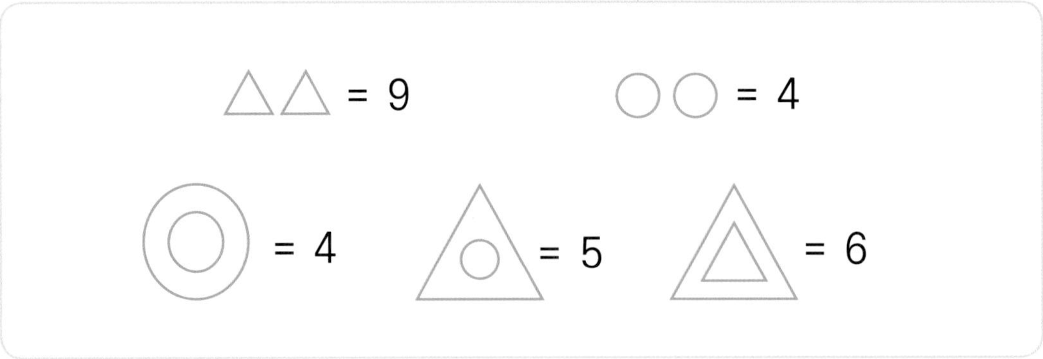

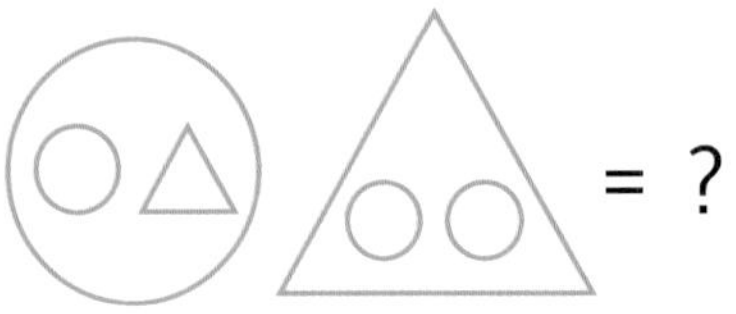

03 수 상자에 짝수와 홀수를 넣을 때, 각각 서로 다른 규칙으로 수가 나옵니다. 5개의 수 상자의 규칙을 찾아서 6과 7을 각각 넣었을 때, 나오는 수 ㉠, ㉡ 을 각각 구하세요.

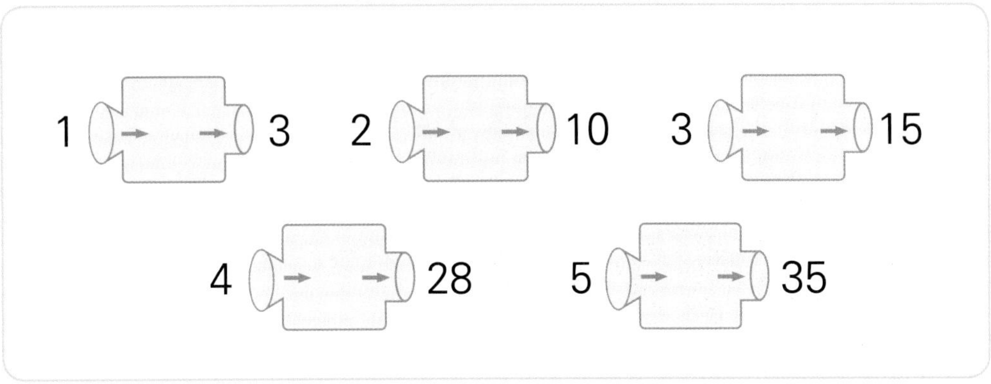

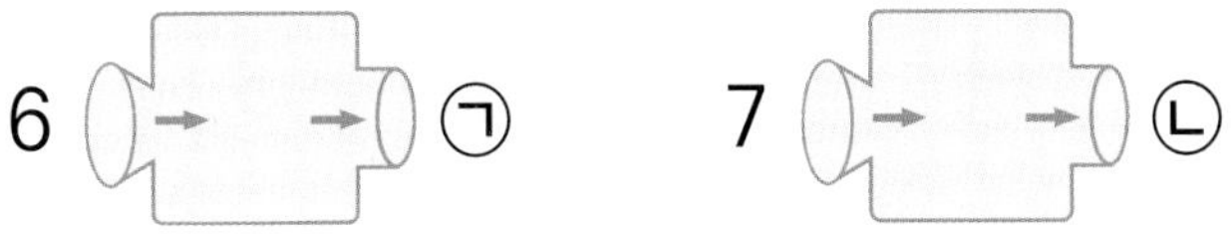

04 기호 ■, □, △ 는 각각 다른 연산 규칙을 가지고 있습니다. ㉠ 과 ㉡ 은 각각 얼마인지 구하시오.

(6 ■) △ = 18　　(6 △) ■ = 15　　(7 □) △ = 6

9 ■ = ㉠ △ △ = (㉡ △) □

01

기호 ◈ 의 연산 규칙이 있습니다. 그림의 ㉠ 부터 ㉣ 까지 중 한 곳에서 출발해서 A부터 D 중 한 곳에 도착하려고 합니다. 주어진 〈문제〉를 11 ◈ 2 부터 차례대로 연산 규칙에 따라 계산해 그림에서 출발점과 도착점을 각각 구하세요.

7 ◈ 2 = 1
8 ◈ 4 = 0
5 ◈ 3 = 2
9 ◈ 6 = 3

출발 → 11 ◈ 2 → 15 ◈ 4 → 17 ◈ 8 → 10 ◈ 3
→ 20 ◈ 9 → 13 ◈ 10 → 16 ◈ 4 → 19 ◈ 7 → 도착

〈문제〉

02
창의융합문제

너무 더워….
시원한 거 마시고 싶어!
어휴
우리
카페 가자~
오—
저기 흰색 건물이
카페 같은데?
블럭처럼
쌓여있어!
들어가자~
메뉴
뭐 마실까?
각자 2잔씩
마실까?
좋아~
시원해~
메뉴판을 보면, 음료를
만드는 데 걸리는 시간과
가격을 알 수 있네.
우린 총 8잔을
주문할 거니까..
흠~
메뉴

아래와 같이 음료의 개수에 따라 만드는 데 걸리는 시간과 판매 가격이 정해져 있습니다. 8개의 음료를 만드는데, 몇 분이 걸리고 얼마를 내야 하는지 각각 구하세요.

(음료의 개수) ◀ = (걸리는 시간)

(음료의 개수) ▼ (걸리는 시간) = (음료의 판매 가격)

메뉴

1 ◀	= 4분
2 ◀	= 7분
3 ◀	= 10분
4 ◀	= 13분

메뉴

1 ▼ 4	= 5위안
2 ▼ 7	= 11위안
3 ▼ 10	= 19위안
4 ▼ 13	= 29위안

대만에서 다섯째 날 모든 문제 끝~!
친구들과 함께한 대만에서의 수학여행을 마친 소감은 어떤가요?

MEMO

영재들의 수학여행

Math Travel

창 의 영 재 수 학

아이 앤 아이

정답 및 풀이

입문 초등 1~3학년 **D** 규칙성 / 대만편

무한상상

Imagine Infinite!

창의영재수학

아이앤아이

정답 및 풀이

입문 초등 1~3학년

D 규칙성 대만편

1 정답 및 풀이

1. 수 규칙

대표문제 확인하기 1 ·· P. 13

[정답] ㉠ = 13, ㉡ = 14

[풀이 과정]

1) 1과 3씩 번갈아 가며 커지는 규칙이 있습니다.

1 2 5 6 9 10 ㉠ ㉡ 17

+1 +3 +1 +3 +1 +3 +1 +3

2) 따라서 ㉠ = 13이고, ㉡ = 14입니다. (정답)

홀수 번째 수 : 1 5 9 ㉠ 17 (+4 +4 +4 +4) 짝수 번째 수 : 2 6 10 ㉡ (+4 +4 +4)

대표문제 확인하기 2 ·· P. 13

[정답] □의 순서대로 21, 36, 1

[풀이 과정]

1) 두 수의 차를 각각 구하면 두 수의 차가 1씩 커지는 것을 알 수 있습니다.

1 3 6 10 15 □ 28 □

2 3 4 5 6 7 8

2) (정답)과 같이 □ 안에 알맞은 수를 적을 수 있습니다.

1 3 6 10 15 [21] 28 [36]

규칙 : 두 수의 차가 [1]씩 커집니다.

(정답)

대표문제 확인하기 ·· P. 15

[정답] ㉠ = 20, ㉡ = 5, ㉢ = 15

[풀이 과정]

1) 파란색 부분은 4씩 커지고 노란색 부분은 2씩 커집니다. 주황색 부분은 파란색과 노란색에 적힌 두 수의 차입니다.

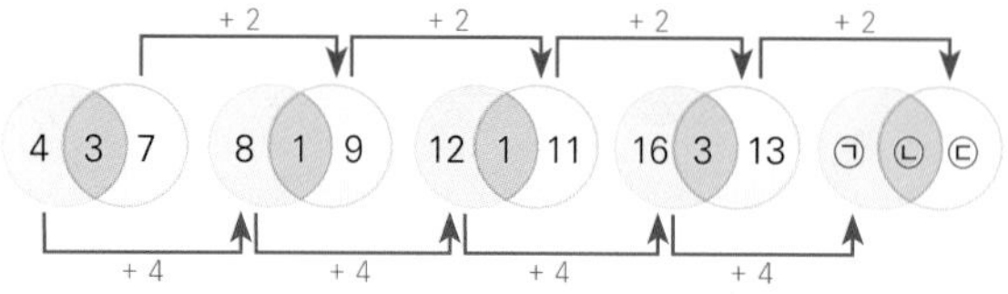

2) 따라서 ㉠ = 16 + 4 = 20, ㉡ = 20 - 15 = 5, ㉢ = 13 + 2 = 15입니다.(정답)

연습문제 01 ·· P. 16

[정답] ㉠ = 17, ㉡ = 31

[풀이 과정]

1) 노란색 삼각형 수는 3씩 커지고 파란색 삼각형 수는 6씩 커집니다.

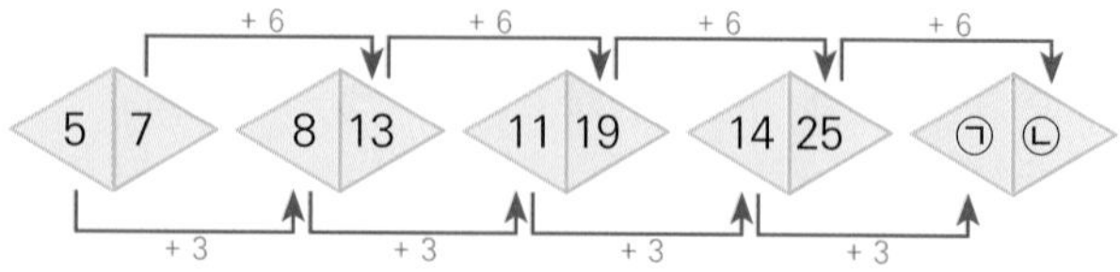

2) 따라서 ㉠ = 14 + 3 = 17이고, ㉡ = 25 + 6 = 31입니다.(정답)

연습문제 02 ·· P. 16

[정답] 28

[풀이 과정]

1) 무우는 48부터 4씩 작아지는 뛰어 세기를 했습니다. 이 방법으로 8개의 수를 적으면 48, 44, 40, 36, 32, 28, 24, 20입니다.

2) 상상이는 56부터 7씩 작아지는 뛰어 세기를 했습니다. 이 방법으로 8개의 수를 적으면 56, 49, 42, 35, 28, 21, 14, 7입니다.

3) 알알이는 4부터 6씩 커지는 뛰어 세기를 했습니다. 이 방법으로 8개의 수를 적으면 4, 10, 16, 22, 28, 34, 40, 46입니다.

4) 따라서 세 사람이 공통으로 말한 수는 28입니다.(정답)

연습문제 03 ·· P. 17

[정답] 알알이

[풀이 과정]

1) 파란색 사각형 수는 3씩 커지고, 주황색 사각형 수는 1씩 작아지고, 노란색 사각형 수는 4씩 작아집니다. 또한, 주황색과 노란색 사각형 수의 차는 파란색 사각형 수와 같습니다.

2) 따라서 상상이와 제이는 바르게 말했고 알알이가 잘못 말했습니다.(정답)

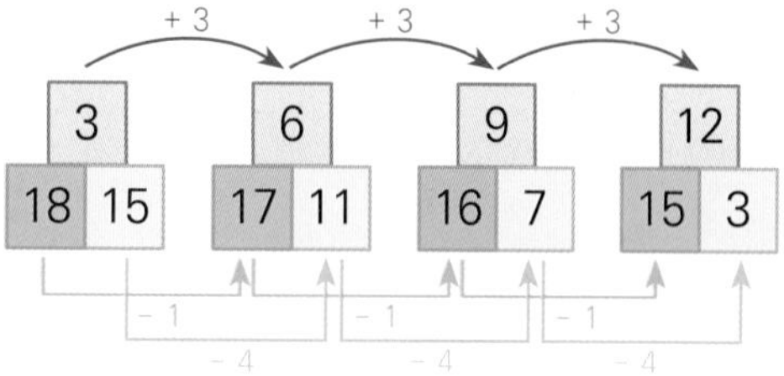

연습문제 04 P. 17

[정답] 풀이 과정 참고

[풀이 과정]

1) 아래와 같이 8씩 작아집니다.

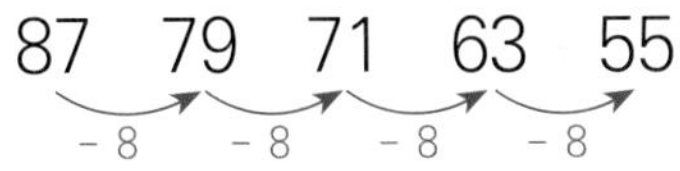

2) 같은 규칙으로 44부터 8씩 작아지는 수를 구하면 36, 28, 20, 12, 4입니다.

3) (정답)과 같이 규칙을 적고 □ 안에 알맞은 수를 적습니다.

(정답)

연습문제 05 P. 18

[정답] 36

[풀이 과정]

1) 괄호를 묶으면 괄호 안에 수가 3씩 커집니다.

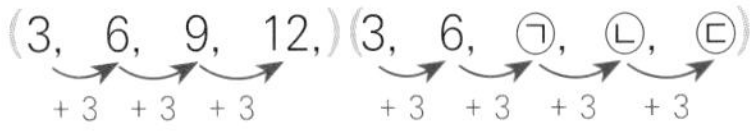

2) 따라서 ㉠ = 9, ㉡ = 12, ㉢ = 15이므로 ㉠ + ㉡ + ㉢ = 36입니다.(정답)

연습문제 06 P. 18

[정답] ㉠ = 10, ㉡ = 26, ㉢ = 58, ㉣ = 32

[풀이 과정]

1) 노란색 삼각형 수는 6씩 커지고 파란색 삼각형 수는 12씩 커집니다.

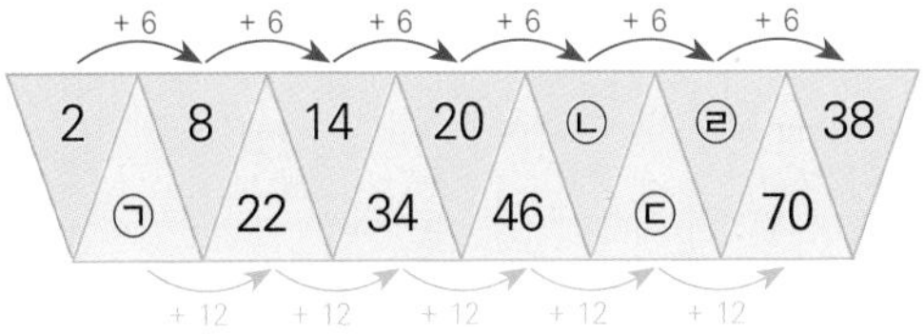

또한, (그림)과 같이 노란색 삼각형 두 수의 합은 파란색 삼각형 수와 같습니다.

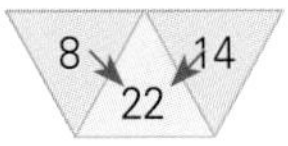

(그림)

2) 따라서 ㉠ = 10, ㉡ = 26, ㉢ = 58, ㉣ = 32입니다.(정답)

연습문제 07 P. 19

[정답] 11, 11

[풀이 과정]

1) 짝수 번째 수와 홀수 번째 수는 각각 2와 4씩 커집니다.

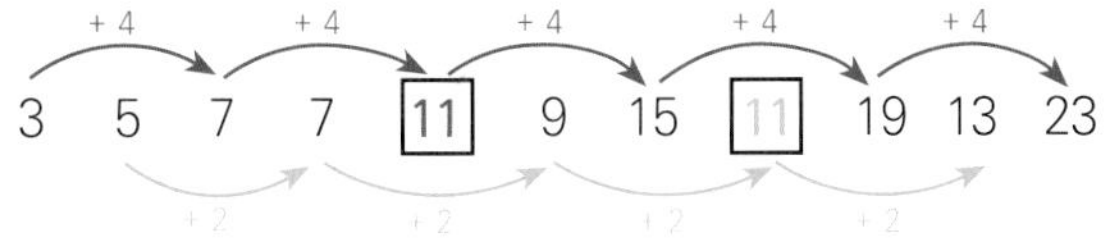

연습문제 08 P. 19

[정답] ㉠ = 14, ㉡ = 19, ㉢ = 24

[풀이 과정]

1) 원의 각 부분의 적힌 수는 3, 4, 5씩 커집니다.

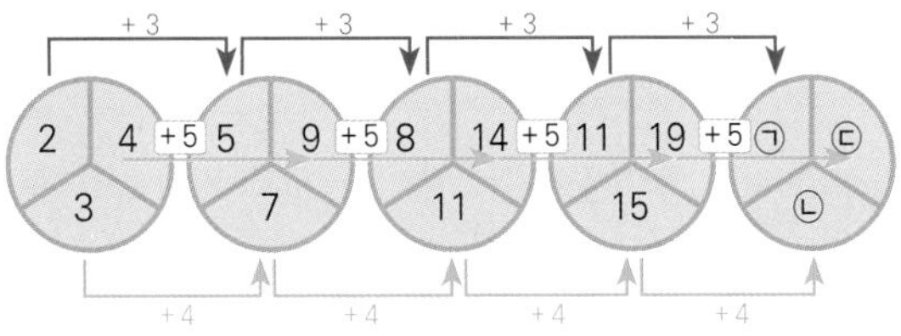

또한, (그림)과 같이 첫 번째 원에서 반 시계 방향으로 1씩 커집니다. 두 번째 원에서 반 시계 방향으로 2씩 커집니다. 세 번째 원에서 반 시계 방향으로 3씩 커집니다.

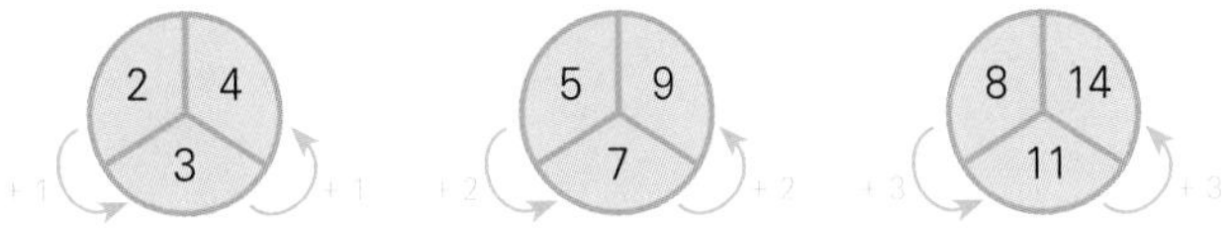

(그림)

2) 따라서 ㉠ = 11 + 3 = 14, ㉡ = 15 + 4 = 19, ㉢ = 19 + 5 = 24입니다. (정답)

연습문제 09 ······ P. 20

[정답] 33, 87

[풀이 과정]

1) 커지는 수가 3, 6, 9, 12, …으로 3씩 커집니다.

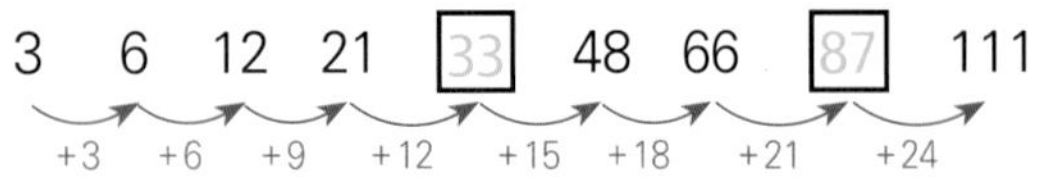

2) 따라서 빈칸에 들어갈 수는 각각 33과 87입니다.(정답)

연습문제 10 ······ P. 20

[정답] ㉠ = 7, ㉡ = 8, ㉢ = 12

[풀이 과정]

1) 첫 번째 원에서 4를 기준으로 시계 방향과 반시계 방향으로 각각 3과 2만큼 작아지고 대각선 방향으로 2만큼 커집니다.

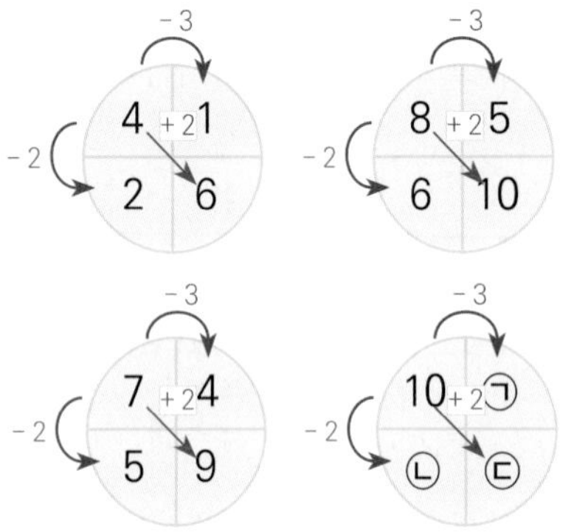

2) 따라서 ㉠ = 7, ㉡ = 8, ㉢ = 12입니다.(정답)

연습문제 11 ······ P. 21

[정답] ㉠ = 28, ㉡ = 1, ㉢ = 23

[풀이 과정]

1) 수 3개씩 괄호를 묶으면, 괄호 안의 첫 번째 수는 6씩 커지고 두 번째 수는 2씩 작아집니다. 또한, 마지막 세 번째 수는 3, 4, 5, 6씩 커집니다.

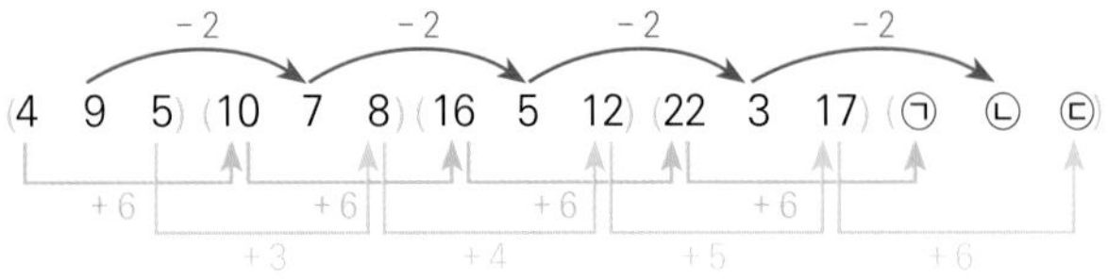

2) 따라서 ㉠ = 28, ㉡ = 1, ㉢ = 23입니다.(정답)

연습문제 12 ······ P. 21

[정답] ㉠ = 25, ㉡ = 32, ㉢ = 24, ㉣ = 30, ㉤ = 37

[풀이 과정]

1) 각 사각형에서 한 칸을 기준으로 시계 방향으로 6, 7씩 커지고 아래로 5씩 커집니다.

2) 따라서 ㉠ = 25, ㉡ = 32, ㉢ = 24, ㉣ = 30, ㉤ = 37입니다.

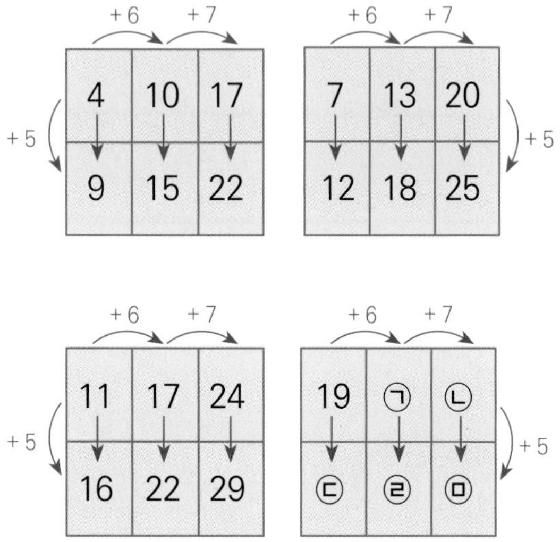

심화문제 01 ······ P. 22

[정답] ㉠ = 4, ㉡ = 8, ㉢ = 4, ㉣ = 5, ㉤ = 6

[풀이 과정]

1) 위쪽에 3개의 삼각형의 수는 2씩 커지고 아래쪽에 3개의 삼각형의 수는 1씩 작아집니다. 또한, (그림)과 같이 각 도형에서 같은 색을 칠한 삼각형의 두 수의 합은 각각 2 + 8 = 10, 4 + 7 = 11, 6 + 6 = 12가 됩니다.

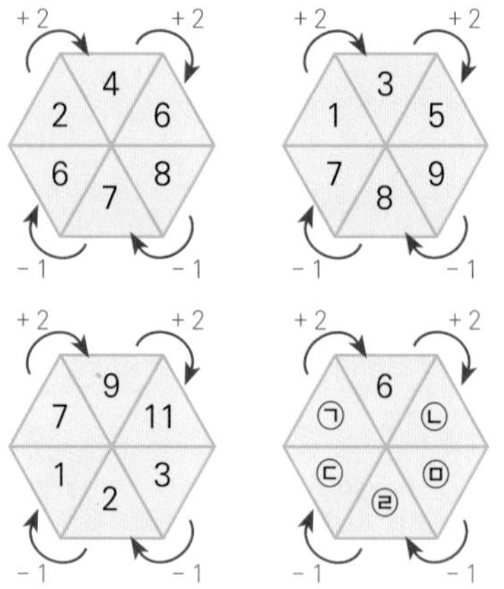

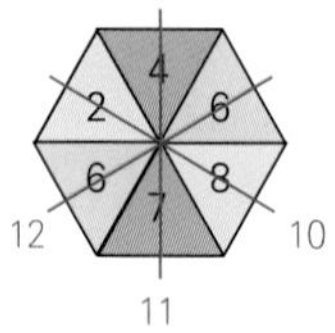

(그림)

2) 따라서 ㉠ = 4, ㉡ = 8, ㉢ = 4, ㉣ = 5, ㉤ = 6입니다.(정답)

심화문제 02 ··········· P. 22

[정답] (1) 21,34 (2) 62,79 (3) 74

[풀이 과정]

(1) 앞의 두 수를 더한 만큼 커집니다.

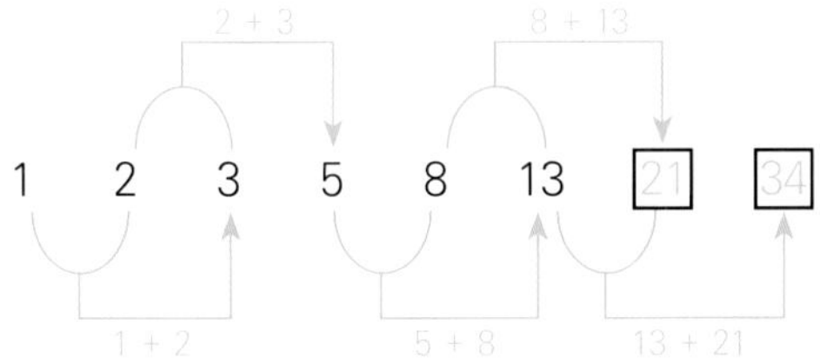

(2) i . 커지는 수가 5, 7, 9, 11, …으로 2씩 커집니다.
ii.따라서 빈칸에 들어갈 수는 각각 62와 79입니다.

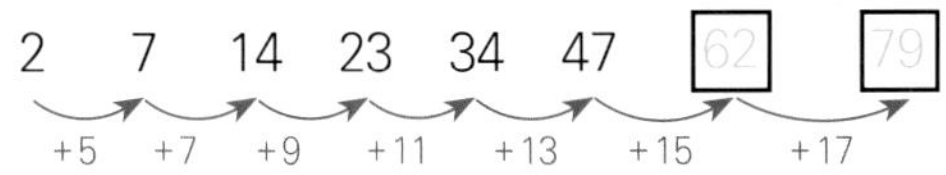

(3) 커지는 수가 6, 7, 9, 12, 16 …으로 1, 2, 3, 4씩 커집니다.

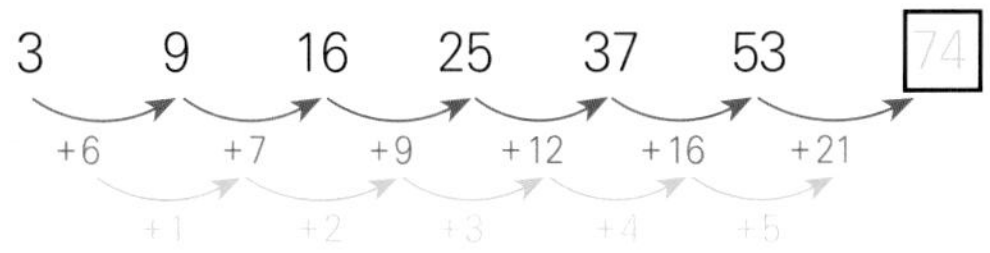

심화문제 03 ··········· P. 23

[정답] 11

[풀이 과정]

1) 2부터 5칸씩 뛰어 세면, 2 ⇒ 7 ⇒ 12 ⇒ 5 ⇒ 10 ⇒ 3 ⇒ 8 ⇒ 1 ⇒ 6 ⇒ 11입니다.

2) 따라서 10번째 수는 11입니다.(정답)

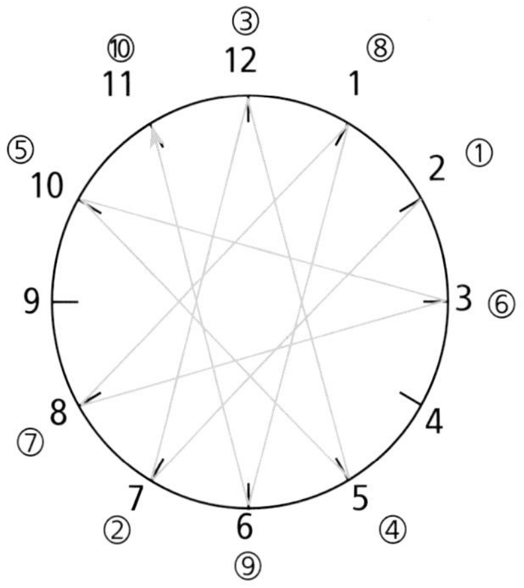

심화문제 04 ··········· P. 23

[정답] (21,18)

[풀이 과정]

1) 순서쌍의 맨 앞의 수는 5와 2가 번갈아 가면 커지고 작아집니다. 반대로 순서쌍의 뒤의 수는 2와 5가 번갈아 가며 작아지고 커집니다.

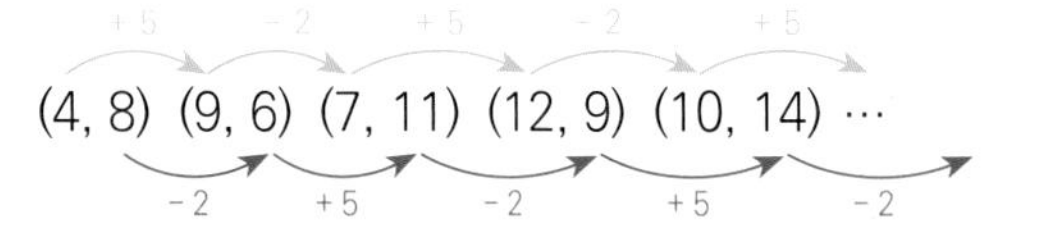

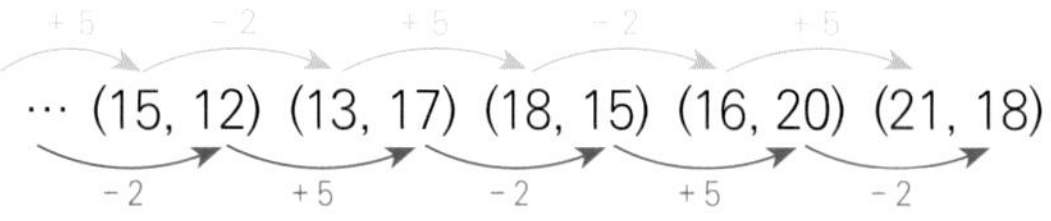

순서쌍을 홀수번째와 짝수번째로 나누면 모두 3씩 커집니다.

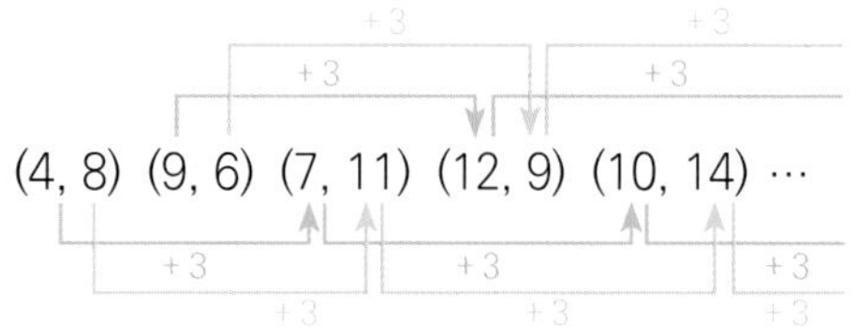

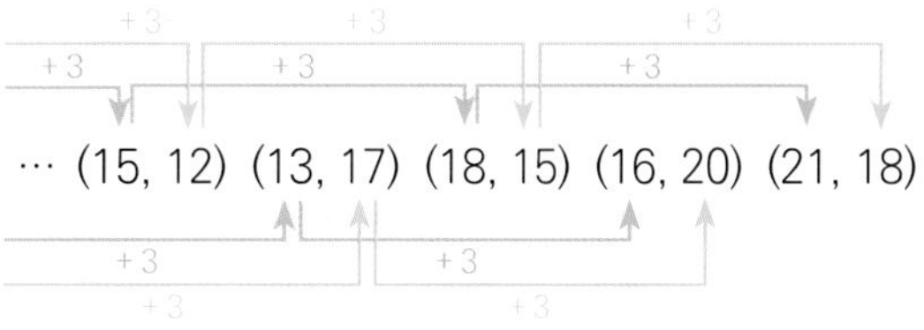

2) 따라서 10번째 순서쌍은 (21, 18)입니다.(정답)

창의적문제해결수학 01 ······ P. 24

[정답] ㉠ = 22, ㉡ = 5, ㉢ = 8, ㉣ = 11, ㉤ = 3

[풀이 과정]

1) 화살표 방향에 따라 두 수의 차를 아래 포도알에 적는 규칙이 있습니다.

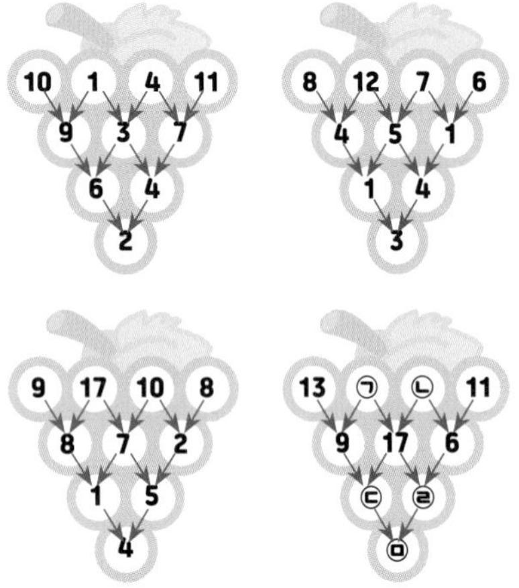

2) 13과 ㉠의 차가 9가 되기 위해서 ㉠는 22 또는 4가 될 수 있습니다. ㉡과 11의 차가 6이 되기 위해서 ㉡은 17 또는 5가 될 수 있습니다. ㉠과 ㉡의 차가 17이므로 ㉠ = 22이고 ㉡ = 5입니다.

3) ㉢ = 17 - 9 = 8이고 ㉣ = 17 - 6 = 11입니다. 그러므로 ㉤ = 11 - 8 = 3입니다.

4) 따라서 ㉠ = 22, ㉡ = 5, ㉢ = 8, ㉣ = 11, ㉤ = 3입니다.(정답)

창의적문제해결수학 02 ······ P. 25

[정답] 59, 51

[풀이 과정]

1) 같은 색깔의 구슬끼리 규칙을 찾습니다.
먼저 ○에 적힌 수가 15, 25, 37, □, 67, 85 에서 10, 12, 14, 16, 18씩 커집니다.
●에 적힌 수가 23, 42, □, 74, 87, 98 에서 19, 17, 15, 13, 11씩 커집니다.

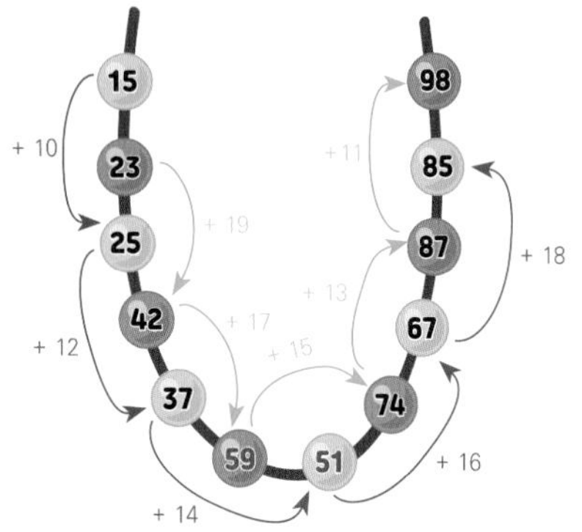

2) 따라서 빈칸에 들어갈 수는 각각 59, 51입니다.(정답)

2. 여러 가지 패턴

대표문제 확인하기 1 ······ P. 31

[정답] ■

[풀이 과정]

1) 도형의 모양은 ○, ☆, □, ○, ☆, □, ○, ☆, … 로 나열되어 있습니다. 따라서 모양의 패턴 마디는 (○, ☆, □)입니다.

2) 도형의 색깔은 검은색 , 흰색, 검은색, 흰색, 검은색, 흰색, … 으로 나열되어 있습니다. 따라서 색깔의 패턴 마디는 (검은색, 흰색)입니다.

3) 따라서 (정답)과 같이 15번째 도형은 ■입니다.

●	☆	■	○	★	□	●
1	2	3	4	5	6	7

☆	■	○	★	□	●	☆	■
8	9	10	11	12	13	14	15

(정답)

대표문제 확인하기 2 ······ P. 31

[정답] 11번째 도형 = □, 12번째 도형 = ☆

[풀이 과정]

1) 도형의 모양은 ○, △, □, ☆, ○, △, □, ☆, ○, △, … 로 나열되어 있습니다. 따라서 모양의 패턴 마디는 (○, △, □, ☆)입니다.

2) 도형의 개수는 2개, 1개, 1개, 2개, 1개, 1개, 2개, 1개, 1개, 2개 … 으로 나열되어 있습니다. 따라서 개수의 패턴 마디는 (2개, 1개, 1개)입니다.

3) 따라서 11번째 도형은 □ 1개이고 12번째 도형은 ☆ 1개입니다.(정답)

대표문제 확인하기 P. 33

[정답] 풀이 과정 참조

[풀이 과정]

1) 초록색은 시계 방향으로 1칸씩 움직입니다. 노란색은 시계 방향으로 1칸씩 추가로 색칠됩니다.

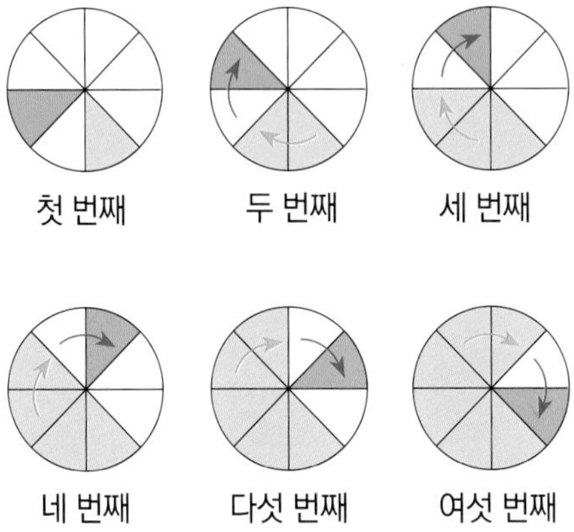

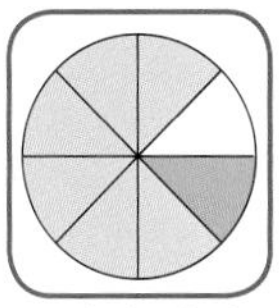
여섯 번째
(정답)

2) 따라서 (정답)과 같이 알맞은 위치에 초록색과 노란색을 색칠합니다.

연습문제 01 P. 34

[정답] ㄹ

[풀이 과정]

1) 글자의 패턴은 ㄱ, ㄷ, ㄴ, ㄹ, ㅁ, ㄱ, ㄷ, ㄴ, ㄹ, ㅁ, ㄱ 으로 나열되어 있습니다. 따라서 글자의 패턴 마디는 (ㄱ, ㄷ, ㄴ, ㄹ, ㅁ)입니다. 또한, 글자에 원이 번갈아 가며 그려져 있습니다.

2) 따라서 (정답)과 같이 14번째 나오는 글자는 ㄹ입니다.

㉠	ㄷ	㉡	ㄹ	㉤	ㄱ	㉢
1	2	3	4	5	6	7
ㄴ	㉣	ㅁ	㉠	ㄷ	㉡	ㄹ
8	9	10	11	12	13	14

(정답)

연습문제 02 P. 34

[정답] ㉢

[풀이 과정]

1) ⓐ에서 도형의 모양 패턴 마디는 (☆, □, ○, △)이고 도형의 색깔 패턴 마디는 (검은색, 흰색)입니다. 따라서 ㉠에 들어갈 도형은 ☆입니다.

2) ⓑ에서 도형의 모양 패턴 마디는 (△, ☆, ○, □)이고 도형의 색깔 패턴 마디는 (흰색, 흰색, 검은색)입니다. 따라서 ㉡에 들어갈 도형은 ☆입니다.

3) ⓒ에서 도형의 모양 패턴 마디는 (○, □, △, ☆) 이고 도형의 색깔 패턴 마디는 (검은색, 흰색, 흰색)입니다. 따라서 ㉢에 들어갈 도형은 ●입니다.

4) 따라서 빈칸에 다른 도형이 들어가는 것은 ㉢입니다.

☆ ■ ○ ▲ ☆ ■ ○ ▲ ☆ ■ ○ ▲ ㉠☆ ■ … ⓐ
△ ☆ ● □ △ ★ ○ □ ▲ ☆ ○ ■ △ ㉡☆ … ⓑ
● □ △ ★ ○ □ ▲ ☆ ○ ■ △ ☆ ㉢● □ … ⓒ

연습문제 03 P. 35

[정답] 무우

[풀이 과정]

(그림)

1) (그림)에서 찾을 수 있는 규칙은 색깔, 모양, 크기입니다. 먼저 색깔은 빨강, 파랑, 노랑, 초록 차례대로 반복되므로 상상이는 바르게 말했습니다.

2) 도형의 크기는 큰 것, 작은 것이 반복되므로 알알이는 바르게 말했습니다.

3) 모양은 ○, △, □가 반복되므로 제이는 바르게 말했습니다.

4) 원의 색깔은 빨강, 초록, 노랑, 파랑 순서대로 반복되므로 무우는 잘못 말했습니다. (정답)

연습문제 04 ········· P. 35

[정답] 풀이 과정 참조

[풀이 과정]

1) 빨간색은 반 시계 방향으로 2칸씩 움직입니다. 노란색은 홀수 번째에만 색칠됩니다. 파란색 원은 반 시계 방향으로 3칸씩 움직입니다.
2) 따라서 (정답)과 같이 알맞은 위치에 빨간색과 노란색을 색칠하고 파란색 원을 그립니다.

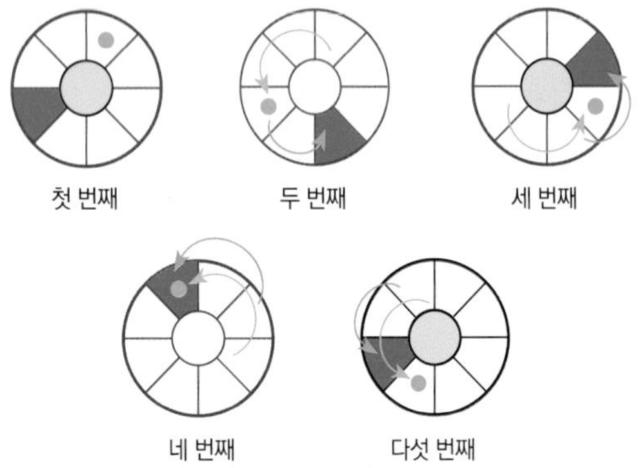

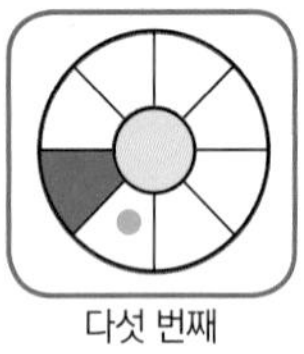

(정답)

연습문제 05 ········· P. 36

[정답] 6개

[풀이 과정]

1) 빨간색 삼각형의 개수는 2개, 5개, 9개, 14개로 3개, 4개, 5개씩 커집니다. 파란색 삼각형의 개수는 1개, 3개, 6개, 10개로 2개, 3개, 4개씩 커집니다. 두 삼각형의 개수의 차는 1개, 2개, 3개으로 1개씩 커집니다.
2) 따라서 (표)와 같이 6번째 빨간색 삼각형과 파란색 삼각형의 개수의 차는 6개입니다.(정답)

	첫 번째	두 번째	세 번째	네 번째	다섯 번째	여섯 번째
빨간색 삼각형의 개수	2개	5개	9개	14개	20개	27개
파란색 삼각형의 개수	1개	3개	6개	10개	15개	21개
삼각형 개수의 차	1개	2개	3개	4개	5개	6개

(표)

연습문제 06 ········· P. 36

[정답] 풀이 과정 참조

[풀이 과정]

1) 흰 바둑돌과 검은 바둑돌이 한 개씩 번갈아 가며 놓는 규칙이 있습니다.
2) 따라서 (정답)과 같이 검은 바둑돌 3개와 흰 바둑돌 3개를 알맞게 그리면 됩니다.

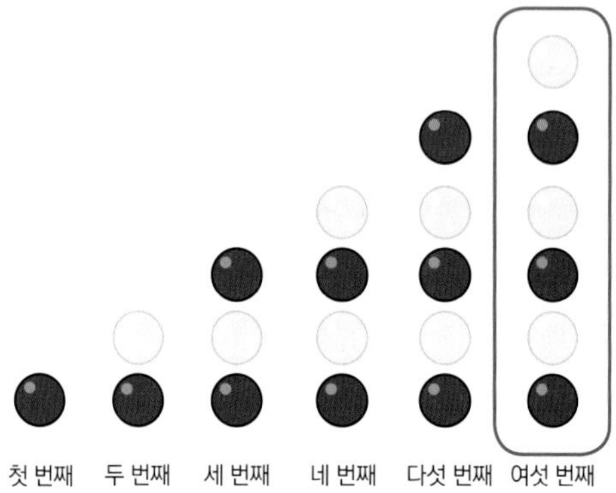

(정답)

연습문제 07 ········· P. 37

[정답] 풀이 과정 참조

[풀이 과정]

1) 노란색은 반 시계 방향으로 한 칸씩 움직이면서 짝수 번째에는 움직인 칸을 제외한 나머지가 색칠됩니다.
2) 따라서 (정답)과 같이 다섯 번째와 여섯 번째 도형에 알맞게 색칠할 수 있습니다.

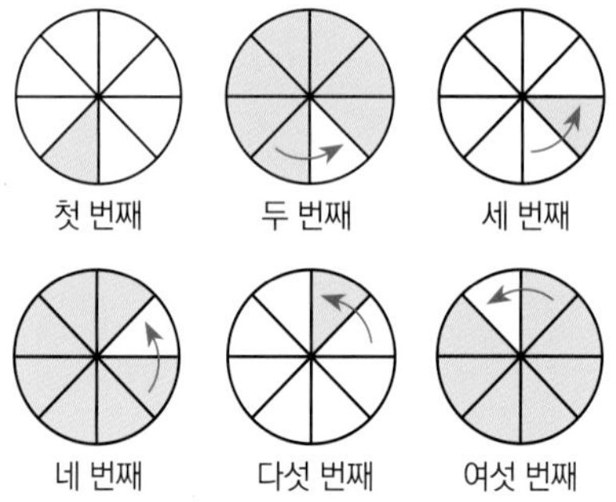

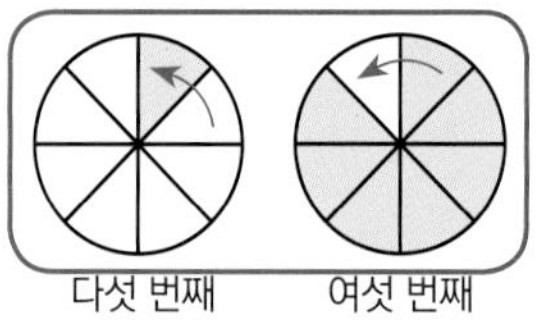

(정답)

연습문제 **08** ········· P. 37

[정답] 풀이 과정 참조

[풀이 과정]

1) 도형의 모양은 △, □, ○, △, □, ○, △, □, ○, △ … 로 나열되어 있습니다. 따라서 모양의 패턴 마디는 (△, □, ○)입니다.
2) 도형의 개수는 1개, 2개, 1개, 3개, 1개, 2개, 1개, 3개, 1개, 2개 … 로 나열되어 있습니다. 따라서 개수의 패턴 마디는 (1개, 2개, 1개, 3개)입니다.
3) 도형의 색깔은 빨강, 파랑, 빨강, 파랑, 빨강, 파랑, 빨강, 파랑 … 으로 나열되어 있습니다. 따라서 색깔의 패턴 마디는 (빨강, 파랑)입니다.
4) 따라서 (정답)과 같이 11번째 도형은 ■ 이고 12번째 도형은 ●●● 입니다. (정답)

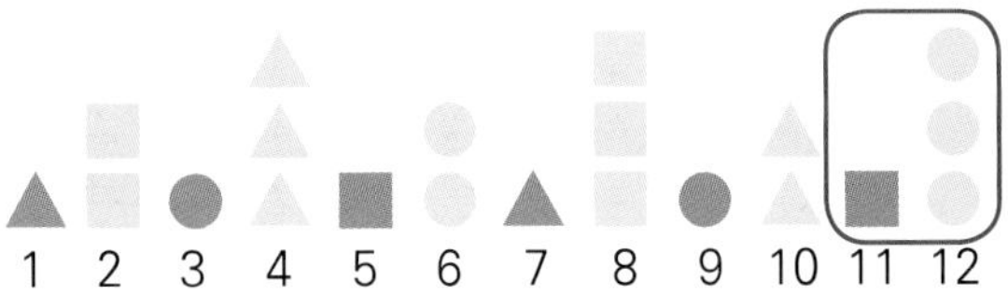

(정답)

연습문제 **09** ········· P. 38

[정답] 19개

[풀이 과정]

1) 바둑돌의 개수가 3개씩 늘어납니다. 5번째 바둑돌의 개수는 13개이고 6번째 바둑돌의 개수는 16개입니다.

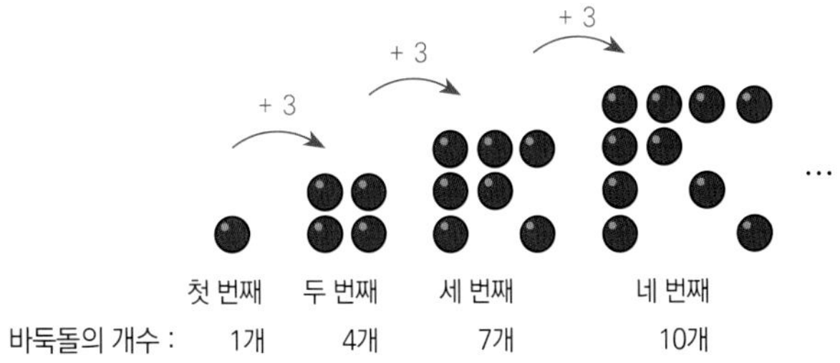

2) 따라서 7번째 바둑돌의 개수는 19개입니다. (정답)

연습문제 **10** ········· P. 38

[정답] 풀이 과정 참조

[풀이 과정]

1) 삼각형의 색깔은 초록, 빨강, 노랑, 파랑, 초록, 빨강, 노랑, … 으로 나열되어 있습니다. 따라서 색깔의 패턴 마디는 (초록, 빨강, 노랑, 파랑)입니다.
2) 삼각형의 개수는 1개, 2개가 번갈아가며 시계 방향으로 회전하며 나열됩니다.
3) 따라서 (정답)과 같이 10번째 도형에 알맞게 색칠할 수 있습니다.

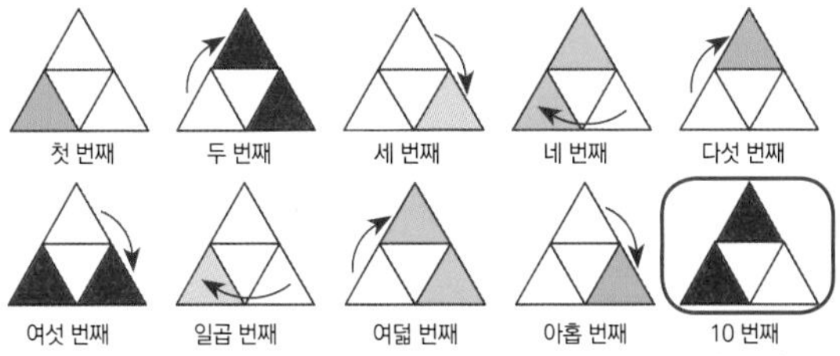

(정답)

연습문제 **11** ········· P. 39

[정답] 풀이 과정 참조

[풀이 과정]

1) 안쪽의 원은 반 시계 방향으로 한 칸씩 움직이면서 색이 (빨강, 노랑)이 반복됩니다. 바깥쪽 원은 반시계 방향으로 한 칸씩 움직이면서 색이 (노랑, 빨강)이 반복됩니다.

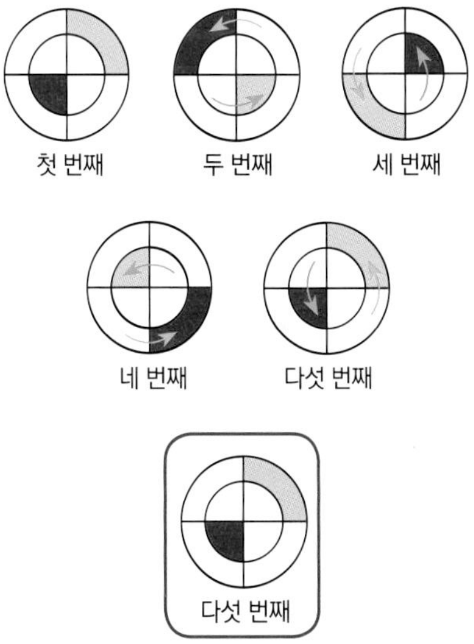

(정답)

2) 이외 다른 규칙을 찾을 수 있습니다. 색칠된 부분이 반시계 방향으로 한 칸씩 움직이며 빨간색 부분과 노란색 부분의 색깔이 번갈아 가며 바뀝니다. 노란색 부분을 보면 바깥쪽 원과 안쪽 원으로 번갈아 가며 시계 방향으로 한 칸씩 움직입니다.
3) 따라서 (정답)과 같이 빨간색과 노란색을 알맞게 색칠할 수 있습니다.

2 정답 및 풀이

연습문제 **12** P. 39

[정답] 풀이 과정 참조

[풀이 과정]

1) 각 사각형 안의 도형들은 반 시계 방향으로 움직입니다.

원은 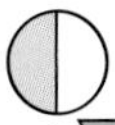 와 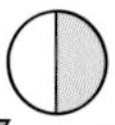 이 차례로 반복됩니다. 삼각형은  와  이 차례로 반복됩니다.
별은 초록색과 흰색이 차례로 반복됩니다. 사각형은 빨간색 부분이 시계 방향으로 한 칸씩 움직입니다.

2) 따라서 (정답)과 같이 네 번째 사각형 안에 각 도형을 그릴 수 있습니다.

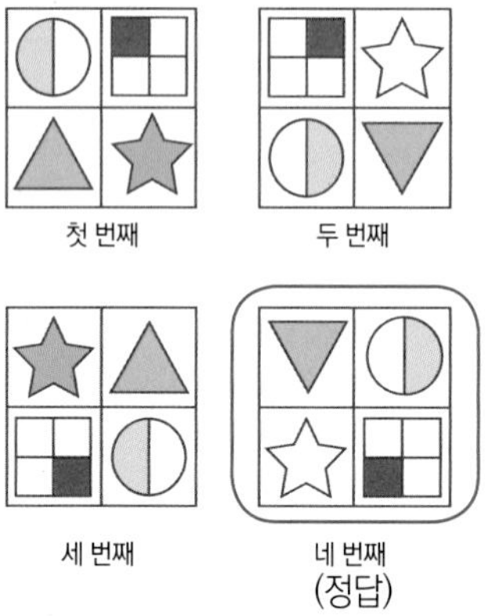

심화문제 **01** P. 40

[정답] 풀이 과정 참조

[풀이 과정]

1) 가운데 사각형은 계속 색칠하고 바깥쪽 3개의 사각형은 시계 방향으로 1칸씩 움직입니다.

2) 따라서 (정답)과 같이 네 번째 도형에 알맞게 색칠할 수 있습니다.

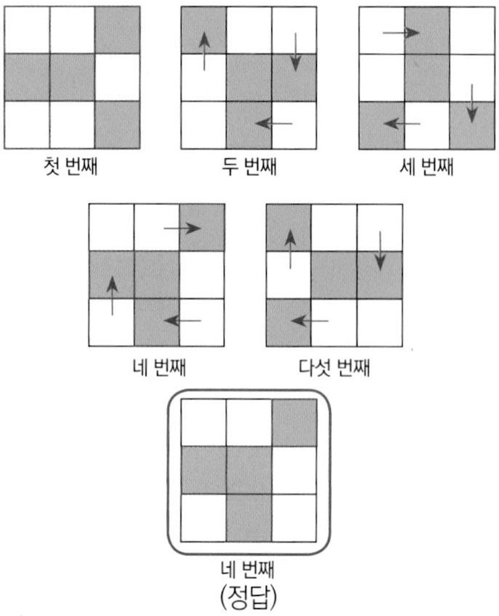

심화문제 **02** P. 41

[정답] 풀이 과정 참조

[풀이 과정]

1) 노란색과 초록색 삼각형은 각각 반 시계 방향으로 1칸씩 움직입니다.

2) 따라서 (정답)과 같이 여섯 번째 도형에 알맞게 색칠할 수 있습니다.

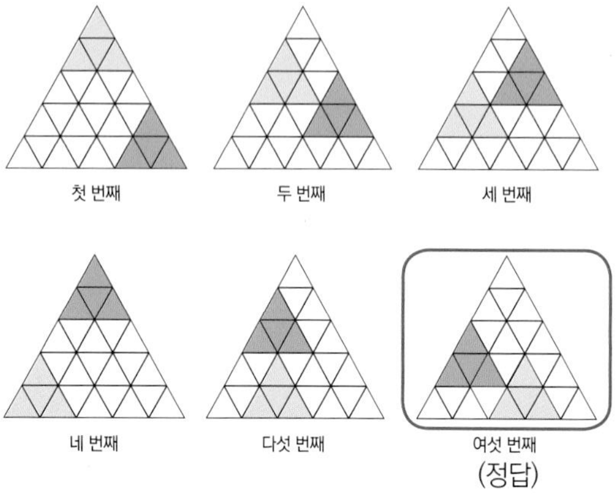

심화문제 **03** P. 42

[정답] 풀이 과정 참조

[풀이 과정]

1) 시계 방향으로 한 칸씩 움직이면서 색칠된 칸의 수가 1개씩 늘어납니다.

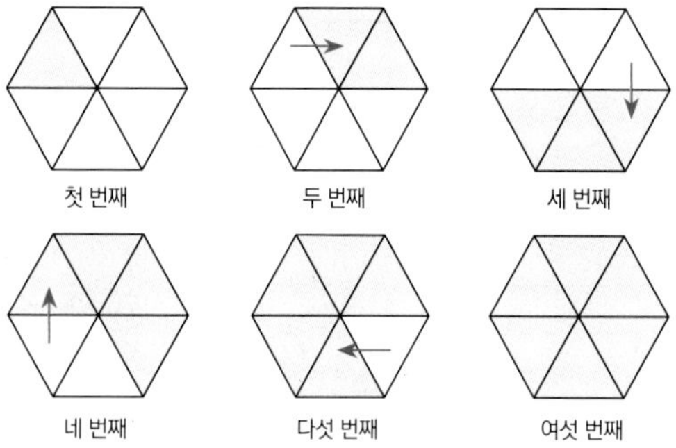

2) 따라서 (정답)과 같이 다섯 번째 도형에 알맞게 색칠할 수 있습니다.

심화문제 04 ······································ P. 43

[정답] 5개

[풀이 과정]

1) 화살표 방향에 따라 검은 바둑돌과 흰 바둑돌이 번갈아 가며 1개, 2개, 2개, 3개씩 늘어납니다.
2) (표)와 같이 짝수 번째의 바둑돌 개수의 차는 0개이고 홀수 번째 바둑돌 개수의 차는 1개, 2개, 3개로 1개씩 커집니다.

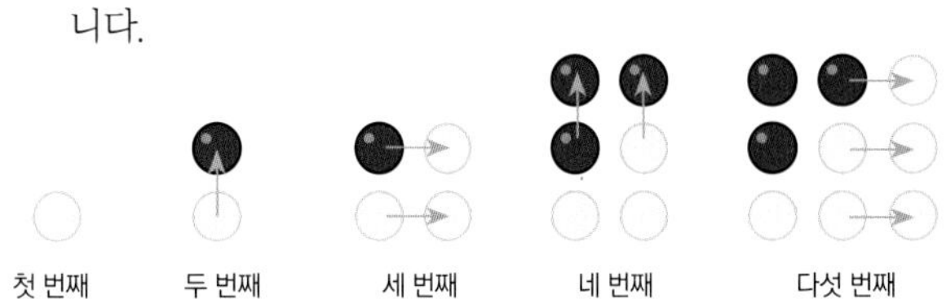

3) 따라서 9번째 나오는 바둑돌 개수의 차는 5개입니다.

	첫 번째	두 번째	세 번째	네 번째	다섯 번째	여섯 번째
흰 바둑돌의 개수	1개	1개	3개	3개	6개	6개
검은 바둑돌의 개수	0개	1개	1개	3개	3개	6개
바둑돌 개수의 차	1개	0개	2개	0개	3개	0개

(표)

	7번째	8번째	9번째
흰 바둑돌의 개수	10개	10개	15개
검은 바둑돌의 개수	6개	10개	10개
바둑돌 개수의 차	4개	0개	5개

창의적문제해결수학 01 ······························ P. 44

[정답] 풀이 과정 참조

[풀이 과정]

1) (그림 1)과 같이 사과-바나나-포도-바나나-포도 순서대로 반복 마디가 3번 나오는 선을 연결해 미로를 통과할 수 있습니다.

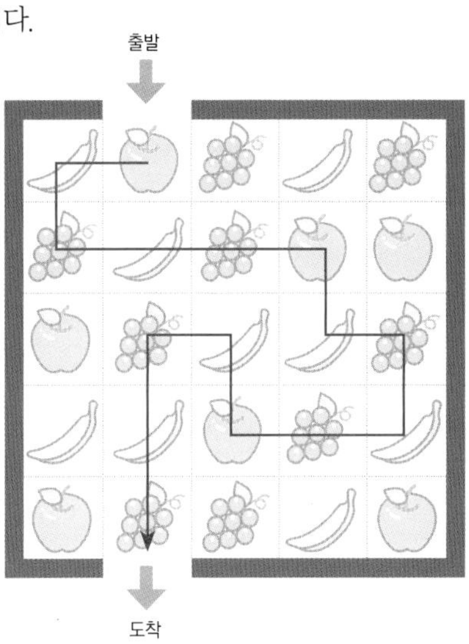

(그림 1)

2) 또한, (그림 2)와 같이 새로운 반복 마디인 사과-바나나-포도 순서대로 선을 연결해 미로를 통과할 수 있습니다.

(그림 2)

창의적문제해결수학 02 ······························ P. 45

[정답] 풀이 과정 참조

[풀이 과정]

1) (그림)과 같이 한 규칙 마디에 5개의 음표가 들어갑니다. 또한, 악보의 한 마디에는 음표 4개가 들어갑니다.

(그림)

2) 따라서 (정답)과 같이 위 규칙에 따라 5번째와 6번째 마디에 음표를 그릴 수 있습니다.

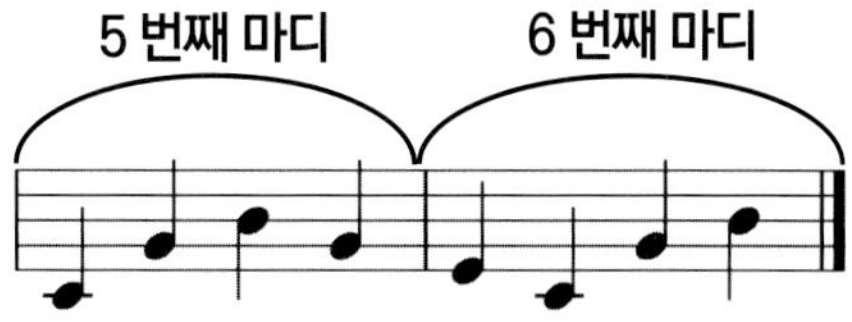

(정답)

3. 수 배열표

대표문제 확인하기 ······························ P. 51

[정답] ㉠ = 51, ㉡ = 55, ㉢ = 61

[풀이 과정]

1) (수 배열표)와 같이 가로 방향으로 2씩 커지고, 세로 방향으로 8씩 커집니다. 두 대각선 방향으로 각각 10과 6 씩 커집니다.
2) (수 배열표)의 규칙에 따라 (조각)의 ㉠ = 45 + 6 = 51, ㉡ = 45 + 10 = 55, ㉢ = 45 + 8 + 8 = 61입니다.(정답)

2씩 커집니다.

8씩 커집니다.

1	3	5	7
9	11	13	15
17	19	21	23
25	27	29	31
⋮	⋮	⋮	⋮

6씩 커집니다. 10씩 커집니다.

(수 배열표)

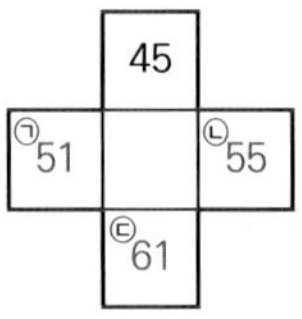

(조각)

대표문제 확인하기 ······························ P. 53

[정답] ㉠ = 30, ㉡ = 64, ㉢ = 54

[풀이 과정]

1) (한 자리 수) × (한 자리 수) 하여 49가 될 수 있는 경우는 7 × 7 밖에 없습니다.
2) (곱셈표)와 같이 7 × 7을 써 넣어, 나머지 주황색 칸에 한 자리 수를 채울 수 있습니다.
3) 따라서 ㉠ = 6 × 5 = 30, ㉡ = 8 × 8 = 64, ㉢ = 9 × 6 = 54입니다.(정답)

×	5	6	7	8
6	㉠30			
7			49	
8				㉡64
9		㉢54		

(곱셈표)

연습문제 01 ······························ P. 54

[정답] ㉡

[풀이 과정]

1) (그림)에서 각 꼭짓점의 수는 3씩 커집니다.
   ㉠ = 1, 4, 7, 10, 13, 16, 19, 22, 25, 28, ⋯
   ㉡ = 2, 5, 8, 11, 14, 17, 20, 23, 26, ⋯
   ㉢ = 3, 6, 9, 12, 15, 18, 21, 24, 27, ⋯
2) 따라서 26은 꼭짓점 ㉡에 놓입니다.

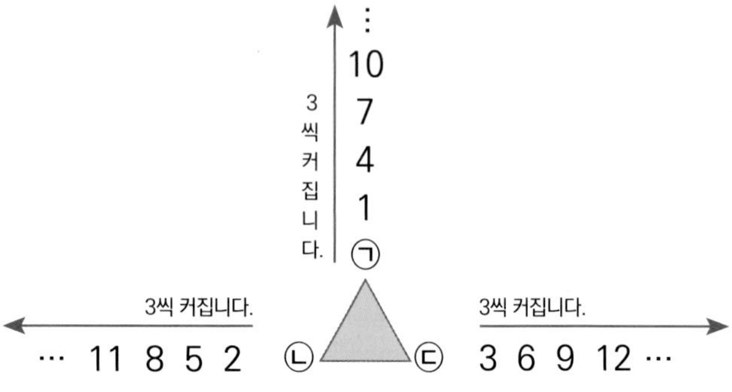

(그림)

연습문제 02 ······························ P. 54

[정답] 풀이 과정 참조

[풀이 과정]

1) (한 자리 수) × (한 자리 수)하여 3이 될 수 있는 경우는 1 × 3과 3 × 1이 있습니다.
   ⅰ. 3 × 1인 경우
   → 나머지 파란색 칸에 한 자리 수를 모두 채울 수 없습니다. 따라서 3 × 1은 조건에 맞지 않습니다.
   ⅱ. 1 × 3인 경우
   → 나머지 파란색 칸에 한 자리 수를 모두 채울 수 있습니다.
2) 따라서 (정답)과 같이 나머지 빈칸에 알맞은 수를 적어 곱셈표를 완성할 수 있습니다.

×			1	2	3
3			3		
4					
5					
6					

▲ 3 × 1인 경우

×	1	2	3	4	5
1	1	2	3	4	5
2	2	4	6	8	10
3	3	6	9	12	15
4	4	8	12	16	20

▲ 1 × 3인 경우 (정답)

연습문제 03 ········· P. 55

[정답] 풀이 과정 참조

[풀이 과정]

1) (그림) 과 같이 빨간색 선을 따라 1부터 1씩 커지는 규칙을 찾을 수 있습니다.

2) 위 규칙대로 (정답)에 나머지 수를 채워 완성할 수 있습니다.

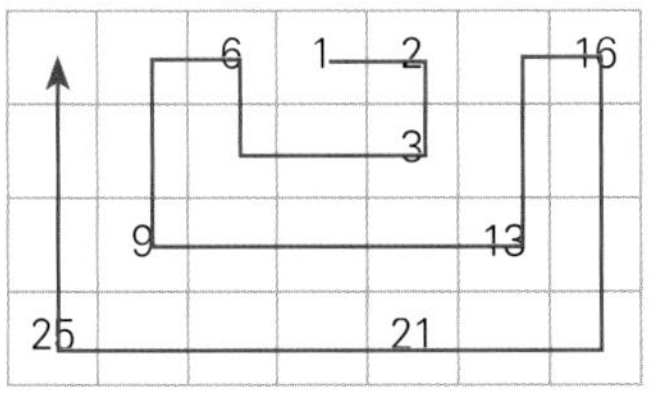

(그림)

28	7	6	1	2	15	16
27	8	5	4	3	14	17
26	9	10	11	12	13	18
25	24	23	22	21	20	19

(정답)

연습문제 04 ········· P. 55

[정답] 풀이 과정 참조

[풀이 과정]

1) (한 자리 수) × (한 자리 수) 를 하여 15가 되는 경우는 3 × 5와 5 × 3 밖에 없습니다.

ⅰ. 3 × 5인 경우

→ (한 자리 수) × 5 = 27을 만족하는 (한 자리 수)가 없습니다. 따라서 3 × 5는 조건에 만족하지 않습니다.

ⅱ. 5 × 3인 경우

→ 나머지 파란색 칸에 한 자리 수를 모두 채울 수 있습니다.

2) 따라서 (정답)과 같이 나머지 빈칸에 알맞은 수를 적어 곱셈표를 완성할 수 있습니다.

×				5
3				15
		42	24	
?	9			27
?		14		6

▲ 3 × 5인 경우

×	1	7	4	3
5	5	35	20	15
6	6	42	24	18
9	9	63	36	27
2	2	14	8	6

▲ 5 × 3인 경우
(정답)

연습문제 05 ········· P. 56

[정답] 6 × 9 = 54 또는 9 × 6 = 54

[풀이 과정]

1) 첫 번째 가로줄에 들어가는 수의 합은
(1 × 2) + (1 × 3) + (1 × 4) = 1 × (2 + 3 + 4) = 1 × 9와 같습니다.
두 번째 가로줄에 들어가는 수의 합은
(2 × 2) + (2 × 3) + (2 × 4) = 2 × (2 + 3 + 4) = 2 × 9와 같습니다.
세 번째 가로줄에 들어가는 수의 합은
(3 × 2) + (3 × 3) + (3 × 4) = 3 × (2 + 3 + 4) = 3 × 9와 같습니다.

2) 각 가로줄에 들어가는 수의 합을 모두 합하면
(1 × 9) + (2 × 9) + (3 × 9) = (1 + 2 + 3) × 9 = 6 × 9 = 54와 같습니다.

3) 따라서 □ 에 들어갈 숫자는 아래와 같습니다.

×	2	3	4		
1	2	3	4	⇒2 + 3 + 4	
2	4	6	8	⇒4 + 6 + 8	54
3	6	9	12	⇒6 + 9 + 12	

6 × 9 = 5 4 또는 9 × 6 = 5 4

(정답)

연습문제 06 ········· P. 56

[정답] 42 = 6번째 줄, 60 = 8번째 줄

[풀이 과정]

1) (수 배열표)와 같이 가로 방향으로 2씩 커지고, 세로 방향으로 8씩 커집니다. 두 대각선 방향으로 각각 10과 6씩 커집니다.

2) (정답)과 같이 26에서 두 칸을 내려가면 26 + 8 + 8 = 42가 됩니다.

3) 42 에서 대각선 방향으로 한 칸을 가면 42 + 10 = 52가 됩니다. 52에서 한 칸을 내려가면 52 + 8 = 60이 됩니다.

4) 따라서 6번째 줄에는 42가 있고, 8번째 줄에는 60이 있습니다.

2씩 커집니다. →

첫 번째 줄 ➡	2	4	6	8
두 번째 줄 ➡	10	12	14	16
세 번째 줄 ➡	18	20	22	24
네 번째 줄 ➡	26	28	30	32

6씩 커집니다. 10씩 커집니다.

(수 배열표)

네 번째 줄 ➡	26	28	30	32
5 번째 줄 ➡	34			
6 번째 줄 ➡	42			
7 번째 줄 ➡		52		
8 번째 줄 ➡		60		

(정답)

연습문제 07 ······ P. 57

[정답] ㉠ = 12, ㉡ = 10, ㉢ = 9

[풀이 과정]

1) (한 자리 수) + (한 자리 수) 하여 13이 될 수 있는 경우는 4 + 9, 5 + 8, 6 + 7이 있습니다.

2) 4 + 9, 5 + 8, 6 + 7인 경우, 각각 나머지 파란색 칸에 한 자리 수를 모두 채울 수 있습니다. 각 경우 ㉠, ㉡, ㉢을 계산한 결과는 각각 12, 10, 9로 같습니다.

3) 이외에도 9 + 4, 8 + 5, 7 + 6으로 바꿔서 적어도 똑같이 ㉠ = 12, ㉡ = 10, ㉢ = 9입니다. (정답)

+	4	3	2
9	13		
8	㉠12		
7		㉡10	㉢9

▲4 + 9인 경우

+	5	4	3
8	13		
7	㉠12		
6		㉡10	㉢9

▲5 + 8인 경우

+	6	5	4
7	13		
6	㉠12		
5		㉡10	㉢9

▲6 + 7인 경우

연습문제 08 ······ P. 57

[정답] ㉠ = 42, ㉡ = 30, ㉢ = 32

[풀이 과정]

1) 표의 18은 6 × 3 또는 3 × 6 입니다.

2) 물에 젖은 부분에서 (한 자리 수) × (한 자리 수)를 하여 일의 자리 숫자가 4와 5가 연속으로 나오는 경우는 6 × 9 = 54와 5 × 9 = 45로 두 자리 수 밖에 없습니다.

3) 따라서 (정답)과 같이 ㉠ = 6 × 7 = 42, ㉡ = 5 × 6 = 30, ㉢ = 4 × 8 = 32입니다.(정답)

×	9	8	7	6
6	54		㉠42	
5	45			㉡30
4		㉢32		
3				18

(정답)

연습문제 09 ······ P. 58

[정답] 풀이 과정 참조

[풀이 과정]

1) (한 자리 수) × (한 자리 수) = 16인 경우는 2 × 8 과 4 × 4 밖에 없습니다.

 i. 2 × 8인 경우

 → 나머지 칸에 한 자리 수를 모두 채울 수 없습니다. 따라서 2 × 8은 조건에 맞지 않습니다.

 ii. 4 × 4인 경우

 → 나머지 칸에 한 자리 수를 모두 채울 수 있습니다.

2) 따라서 (정답)과 같이 나머지 빈칸에 알맞은 수를 적어 곱셈표를 완성할 수 있습니다.

×		8		
			12	
2		16		
4				
6				

▲2 × 8인 경우

×	2	4	6	8
2			12	
4		16		
6				
8				

▲4 × 4인 경우

→

×	2	4	6	8
2	4	8	12	16
4	8	16	24	32
6	12	24	36	48
8	16	32	48	64

(정답)

연습문제 10 ······ P. 58

[정답] 27 = 11번째 줄, 30 = 12번째 줄

[풀이 과정]

1) (수 배열표)와 같이 가로 오른쪽 방향으로 두 칸 마다 1씩 커지고, 세로 아래쪽 방향으로 두 칸 마다 5씩 커집니다. 두 대각선 방향으로 각각 3과 2씩 커집니다.

2) (정답)과 같이 12에서 6칸을 내려가면 12 + 5 + 5 + 5 = 27이 됩니다.

3) 27에서 대각선 방향으로 한 칸을 가면 27 + 3 = 30이 됩니다.

4) 따라서 11번째 줄에는 27이 있고, 12번째 줄에는 30이 있습니다.

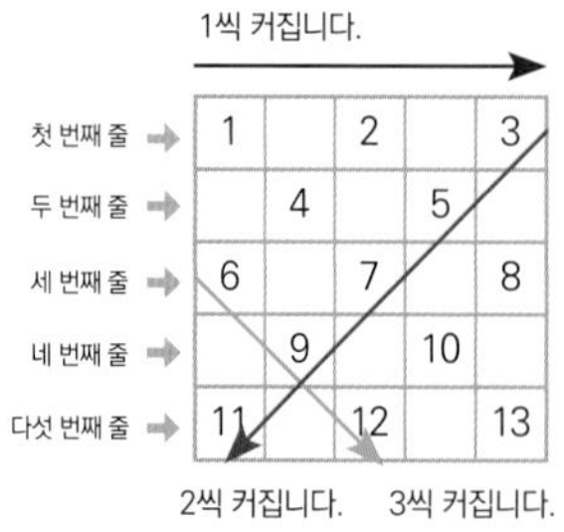

(수 배열표)

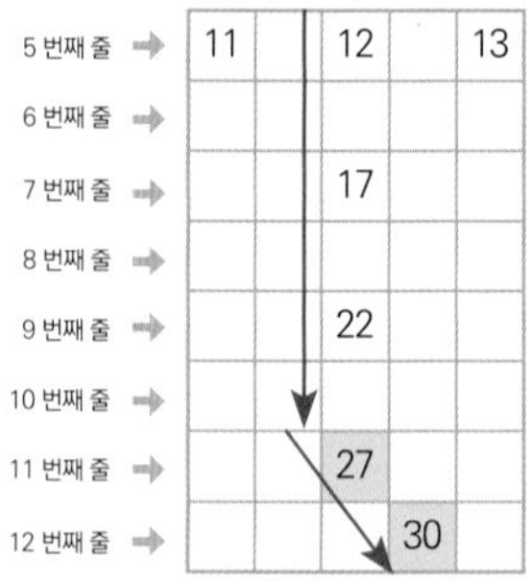

(정답)

연습문제 **11** .... P. 59

[정답] 풀이 과정 참조

[풀이 과정]

1) ㉡ + ㉢ = 9이고 1씩 커지는 연산표이므로 ㉡ = 4, ㉢ = 5 밖에 없습니다. (연산표)의 파란색 칸에 ㉡ = 4, ㉢ = 5를 적은 후, 1씩 커지는 한 자리 수 6, 7을 파란색 칸에 적습니다.

ⅰ. ㉠ 이 × 인 경우

→ (한 자리 수) × 7 = 16을 만족하는 (한 자리 수)가 없습니다. 따라서 ㉠은 ×가 아닙니다.

ⅱ. ㉠ 이 + 인 경우

→ (한 자리 수) + 7 = 16을 만족하는 (한 자리 수) = 9 입니다. 따라서 ㉠은 +입니다.

2) 따라서 (정답)과 같이 빈칸에 알맞은 수를 적어 연산표를 완성할 수 있습니다.

㉠	4	5	6	7
				16

(연산표)

+	4	5	6	7
7	11	12	13	14
8	12	13	14	15
9	13	14	15	16

(정답)

연습문제 **12** .... P. 59

[정답] ㉠ = 47, ㉡ = 34, ㉢ = 51

[풀이 과정]

1) 홀수 번째 줄에 적힌 수는 모두 홀수이고, 짝수 번째 줄에 적힌 수는 모두 짝수입니다. 가로 방향으로 2씩 커집니다. 세로 방향으로 홀수 번째 줄에 적힌 수는 8씩 커지고 짝수 번째 줄에 적힌 수는 6씩 커집니다.

2) (조각)과 같이 37 + 8 = 45와 45 - 2 = 43, 30 + 6 = 36을 구해 ㉠, ㉡, ㉢ 을 찾습니다. 따라서 ㉠ = 45 + 2 = 47, ㉡ = 36 - 2 = 34, ㉢ = 43 + 8 = 51입니다.

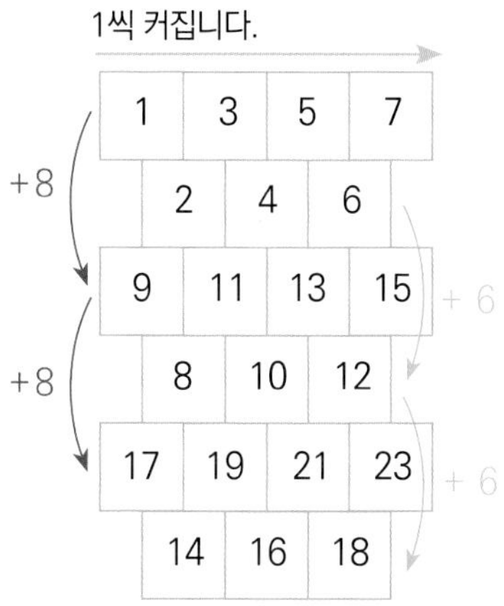

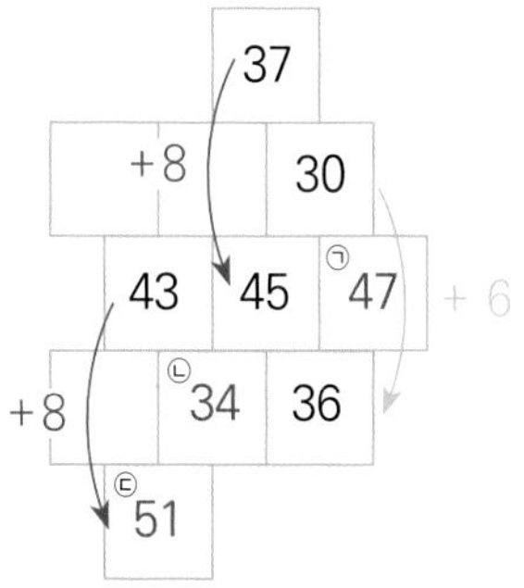

(조각) —— (정답)

3 정답 및 풀이

심화문제 01 ······ P. 60

[정답] ㉠ = 21, ㉡ = 49, ㉢ = 9, ㉣ = 81

[풀이 과정]

1) (조각)에서 (한 자리 수) × (한 자리 수) = 25인 경우는 5 × 5 밖에 없습니다. 5가 들어가면서 2씩 커지는 수는 홀수인 1, 3, 5, 7, 9 밖에 없습니다. 따라서 <곱셈표>와 같이 주황색 칸에는 홀수인 1, 3, 5, 7, 9를 적어주면 됩니다.
2) (곱셈표)에서 (조각)의 ㉠부터 ㉣까지 각각 구합니다. ㉠ = 7 × 3 = 21, ㉡ = 7 × 7 = 49, ㉢ = 9 × 1 = 9, ㉣ = 9 × 9 = 81입니다.
3) 따라서 ㉠ = 21, ㉡ = 49, ㉢ = 9, ㉣ = 81입니다.(정답)

×	1	3	5	7	9
1					
3					
5			25		
7		㉠21		㉡49	
9	㉢9				㉣81

(곱셈표)

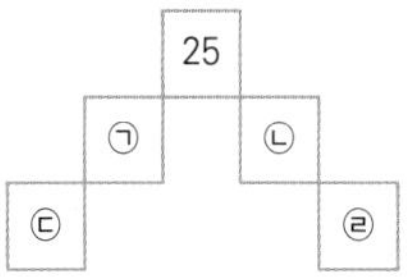

(조각)

심화문제 02 ······ P. 61

[정답] 검지

[풀이 과정]

1) (손)을 보면, 각 손가락으로 세는 수의 일의 자리 숫자가 계속 반복됩니다. (표)와 같이 반복되는 일의 자리 숫자를 찾을 수 있습니다.
2) 따라서 32는 일의 자리 숫자가 2이므로 검지로 셉니다.

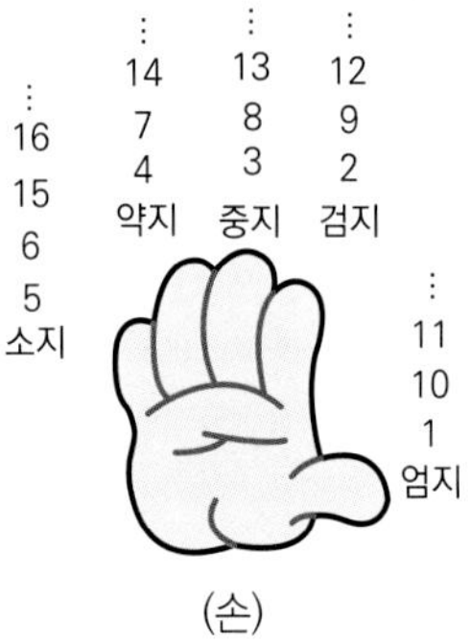

(손)

손가락	반복되는 일의 자리 숫자
엄지	1, 0
검지	2, 9
중지	3, 8
약지	4, 7
소지	5, 6

(표)

심화문제 03 ······ P. 62

[정답] 41

[풀이 과정]

1) (그림)과 같이 빨간색 화살표를 따라 맨 앞에 적힌 수 1, 2, 4, 7, 11, … 은 1, 2, 3, 4, 5, … 씩 더해지면서 커집니다. 또한, 주황색 화살표에 따라 1씩 커집니다. 노란색 사각형에 적힌 수는 1, 5, 13, 25, … 으로 4, 8, 12, … 씩 더해지면서 커집니다.
2) 따라서 9번째 줄에서 가운데 사각형 안에 적힌 수는 41입니다.(정답)

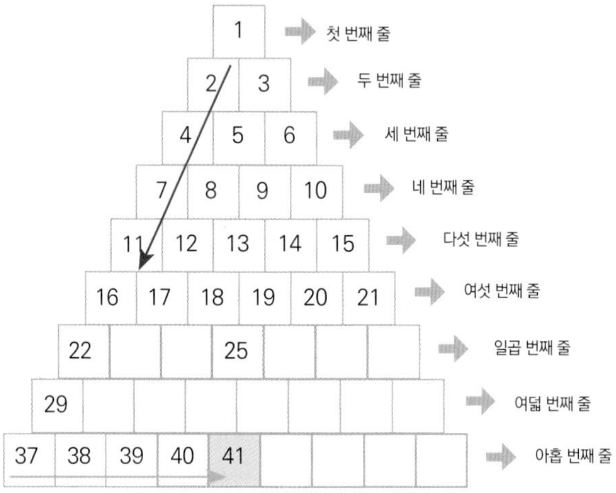

(그림)

심화문제 04 ······ P. 63

[정답] 21 = 7번째 삼각형 꼭짓점 ㉡

[풀이 과정]

1) (그림)과 같이 빨간색 원에 적힌 수는 첫 번째 삼각형 꼭짓점에 3 × 1 = 3, 두 번째 삼각형 꼭짓점에 3 × 2 = 6, 세 번째 삼각형 꼭짓점에 3 × 3 = 9, 네 번째 삼각형 꼭짓점에 3 × 4 = 12가 나옵니다. 이처럼 21 = 3 × 7이므로 7번째 삼각형 꼭짓점에 있습니다.
2) 꼭짓점의 위치는 3은 꼭짓점 ㉡, 6은 꼭짓점 ㉢, 9는 꼭짓점 ㉠, 12는 꼭짓점 ㉡ 에 나오므로 반 시계 방향으로 돌아가며 나옵니다. 15는 꼭짓점 ㉢, 18은 꼭짓점 ㉠에 나오므로 21은 꼭짓점 ㉡에 나옵니다.
3) 따라서 21은 7번째 삼각형의 꼭짓점 ㉡에 나오게 됩니다.(정답)

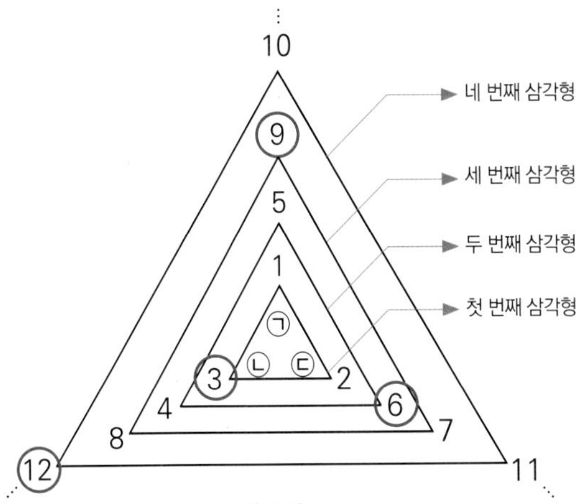

(그림)

창의적문제해결수학 01 .... P. 64

[정답] 풀이 과정 참조

[풀이 과정]

1) (그림)과 같이 빨간색 선을 따라 3개의 수 중에서 한 개의 수가 위로 올라가는 규칙을 갖고 있습니다.
2) 가위 = 2, 바위 = 4, 보 = 6으로 수를 가위바위보로 바꿔서 생각하면 세 명의 사람이 가위바위보 놀이를 해서 이기는 사람의 수가 위 칸에 올라가는 것과 같습니다.
3) 2, 6, 6일 때, 위 칸에 2가 들어가고, 4, 2, 2일 때, 위 칸에 4가 들어가고, 6, 4, 4일 때, 위 칸에 6이 들어갑니다.
4) 따라서 이 규칙에 맞게 (그림)의 빈칸에 채우면 됩니다.

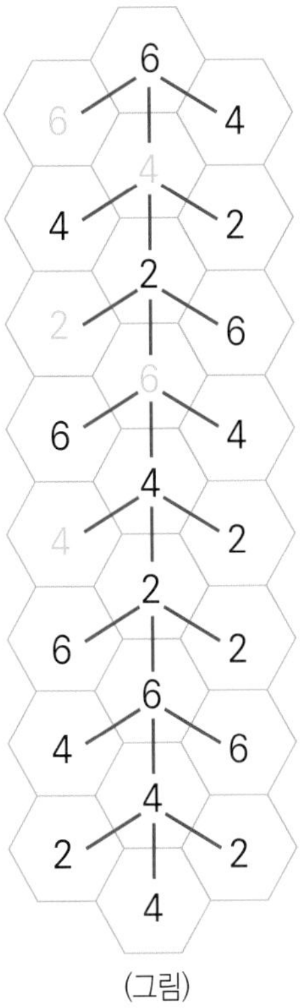

(그림)
(정답)

창의적문제해결수학 02 .... P. 65

[정답] 26 = 7 행 2 열, 33 = 9 행 1 열, 39 = 10 행 5 열

[풀이 과정]

1) (수 배열표)에서 1열, 3열, 4열, 6열은 각각 8씩 커지고, 2열과 5열은 각각 3, 5, 3, 5씩 번갈아 가며 커집니다.
2) 5 행 2 열 18 에서 아래로 두 칸 내려가면 18 + 3 + 5 = 26이 됩니다.
   5행 1열 17에서 아래로 4칸 내려가면 17 + 8 + 8 = 33이 됩니다.
   5행 5열 20에서 아래로 5칸 내려가면 20 + 3 + 5 + 3 + 5 + 3 = 39가 됩니다.
3) 따라서 26은 7행 2열, 33은 9행 1열, 39는 10행 5열입니다. (정답)

	1열	2열	3열	4열	5열	6열
1행	1	2		3	4	
2행		5	6		7	8
3행	9	10		11	12	
4행		13	14		15	16
5행	17	18		19	20	
6행		21	22		23	24
7행	25	26		27	28	
8행		29	30		31	32
9행	33	34		35	36	
10행		37	38		39	40

(수 배열표)

4. 암호

대표문제 확인하기 .... P. 71

[정답] 21

[풀이 과정]

1) (그림)과 같이 들어간 구슬에 5 씩 더한 수가 나옵니다.

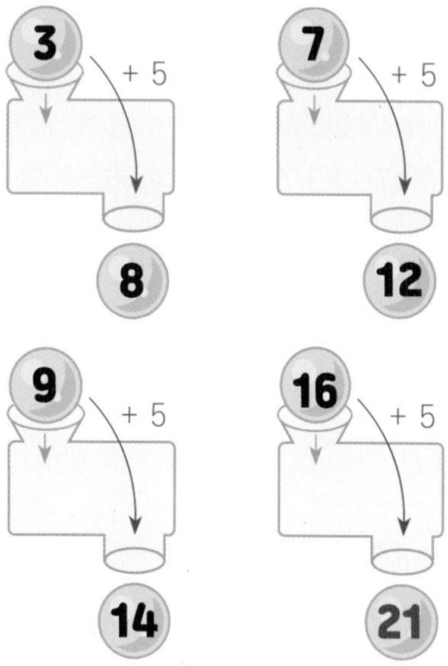

(그림)

2) 따라서 16 + 5 = 21이 나옵니다. (정답)

대표문제 확인하기 1 .... P. 73

[정답] 먹넘

[풀이 과정]

1) ㅂ ⇔ ㅁ, ㅏ ⇔ ㅓ, ㄴ ⇔ ㄱ 으로 서로 바뀌는 암호가 있습니다.

2) 따라서 (정답)과 같이 ㅂ ⇒ ㅁ, ㅏ ⇒ ㅓ, ㄴ ⇒ ㄱ, ㄱ ⇒ ㄴ 으로 바꿔서 적으면 됩니다.

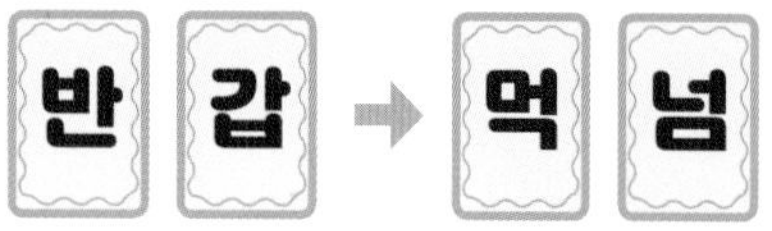

(정답)

대표문제 확인하기 2 .... P. 73

[정답] 풀이 과정 참조

[풀이 과정]

1) (정답 ①)과 같이 가로 방향으로 세 글자씩 적은 후, 세로 방향으로 네 글자씩 읽으면 "친과가학구함는여들께수행"으로 암호를 만들 수 있습니다.

2) (정답 ②)와 같이 세로 방향으로 네 글자씩 적은 후, 가로 방향으로 세 글자씩 읽으면 "친함수구께학들가여과는행"으로 암호를 만들 수 있습니다.

3) 이외에도 다양한 방법으로 암호를 만들 수 있습니다.

가로 →

세로 ↓

친	구	들
과	함	께
가	는	수
학	여	행

(정답 ①)

가로 →

세로 ↓

친	함	수
구	께	학
들	가	여
과	는	행

(정답 ②)

연습문제 01 P. 74

[정답] 풀이 과정 참조

[풀이 과정]

1)그림이 의미하는 글자를 생각해 하나의 단어를 만듭니다.

2) 따라서 (정답)과 같이 각 그림에 해당하는 단어를 적습니다.

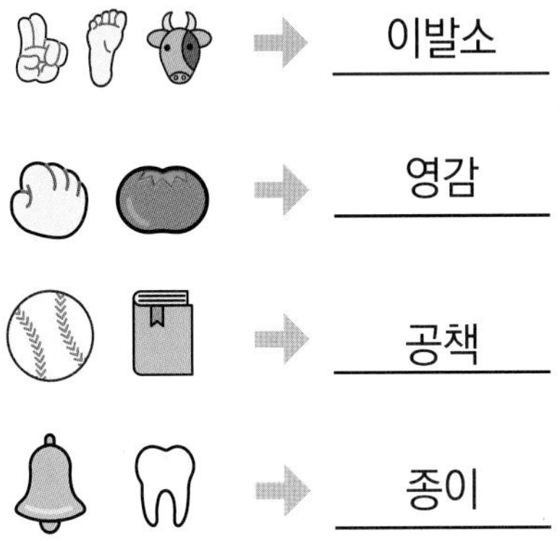

(정답)

연습문제 02 P. 74

[정답] 30

[풀이 과정]

1) (그림)과 같이 들어간 구슬에 적힌 각 자리 숫자의 곱이 나옵니다.

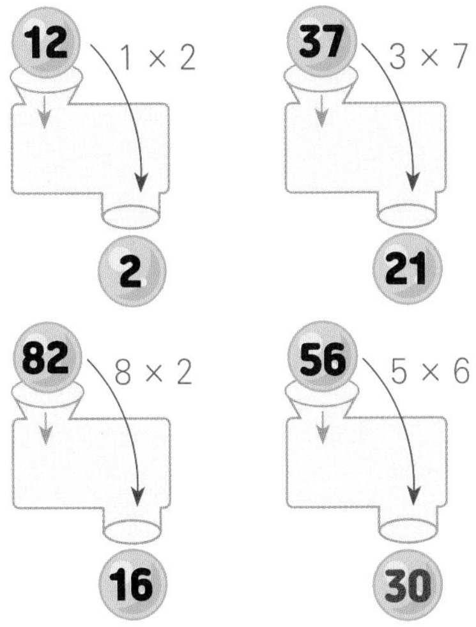

(그림)

2) 따라서 56이 적힌 구슬이 들어가면 5 × 6 = 30이 적힌 구슬이 나옵니다. (정답)

연습문제 03 P. 75

[정답] 풀이 과정 참조

[풀이 과정]

1) (그림)과 같이 사다리 타기를 하면 1 ⇒ ㅁ, 2 ⇒ ㄷ, 3 ⇒ ㄱ, 4 ⇒ ㄹ 으로 갑니다.

2) 따라서 (정답)과 같이 주어진 단어의 자음에 맞는 암호를 연결하면 됩니다.

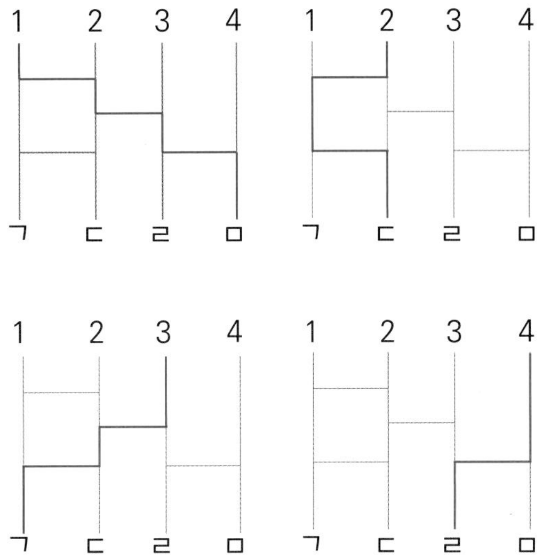

(그림)

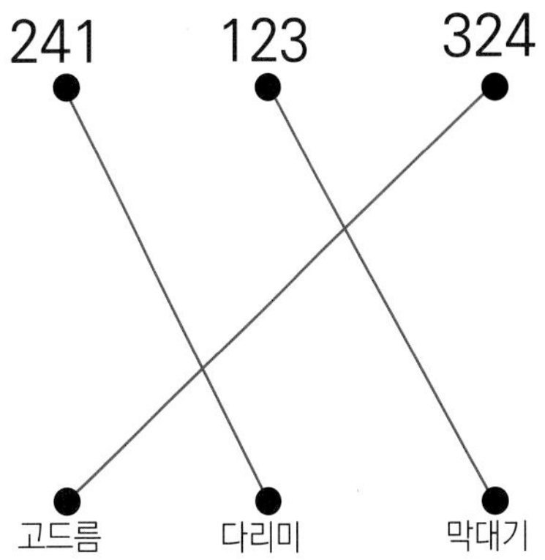

(정답)

연습문제 **04** ·· P. 75

[정답] 풀이 과정 참조

[풀이 과정]

1) (암호 해독표)를 보고 알파벳에 해당하는 암호로 각각 바꿔서 적습니다.

암호	1	2	3	4	5	6	7	8	9	0
해독	A	B	C	E	G	L	M	N	O	P

(암호 해독표)

2) 따라서 (정답)과 같이 각 과일 단어를 암호로 바꿔 적을 수 있습니다.

MANGO ➡ 71859
APPLE ➡ 10064
LEMON ➡ 64798
BANANA ➡ 218181

(정답)

연습문제 **05** ·· P. 76

[정답] 풀이 과정 참조

[풀이 과정]

1) 글자 ■ 에 따라 받침이 ㄱ, ㄴ, ㄷ,… 이 생깁니다.
글자▲ 에 따라 자음이 ㄷ, ㄹ, ㅁ, ㅂ, … 으로 바뀝니다.
글자 ● 에 따라 모음이 ㅏ, ㅓ, ㅗ, ㅜ,… 으로 바뀝니다.

2) (정답)과 같이 찾은 규칙에 따라 빈칸에 알맞은 글자를 써 넣을 수 있습니다.

런 ■ 럭 ■ 러
▲
먼
▲
번 ● 본 ● 분

(정답)

연습문제 **06** ·· P. 76

[정답] 20

[풀이 과정]

1) (그림)과 같이 들어간 두 구슬을 더한 후 1씩 뺀 값이 나옵니다.

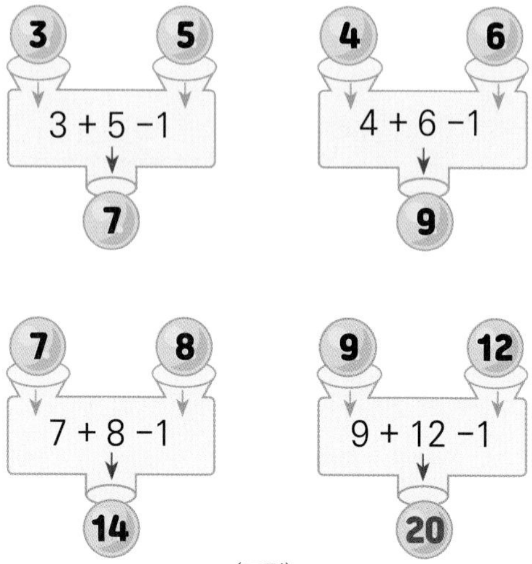

(그림)

2) 따라서 9와 12가 적힌 구슬이 들어가면 9 + 12 − 1 = 20이 적힌 구슬이 나옵니다. (정답)

연습문제 07 P. 77

[정답] ㉠ = 12, ㉡ = 17, ㉢ = 10, ㉣ = 16

[풀이 과정]

1) ➡ 방향에 따라 3, 6, 9, ㉠ … 으로 3씩 커집니다.
   ⬇ 방향에 따라 12에서 5, 19에서 12로 7씩 작아집니다.
   ⬅ 방향에 따라 5, 9, 13, ㉡ … 으로 4씩 커집니다.
2) 따라서 ㉠ = 9 + 3 = 12, ㉡ = 13 + 4 = 17, ㉢ = 17 - 7 = 10, ㉣ = 12 + 4 = 16입니다.

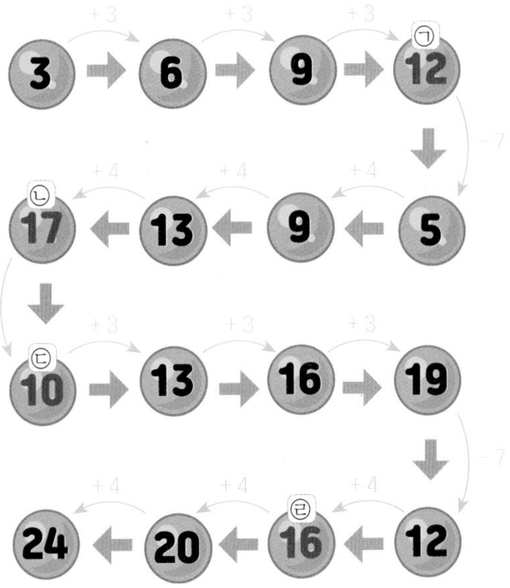

(정답)

연습문제 08 P. 77

[정답] 12

[풀이 과정]

1) (그림)에서 각 도형의 꼭짓점에 개수를 더한 수로 나타냈습니다. 주어진 도형의 꼭짓점의 개수는 4 + 8 = 12개입니다.
2) 따라서 주어진 도형 암호를 수로 바꾸면 12입니다.

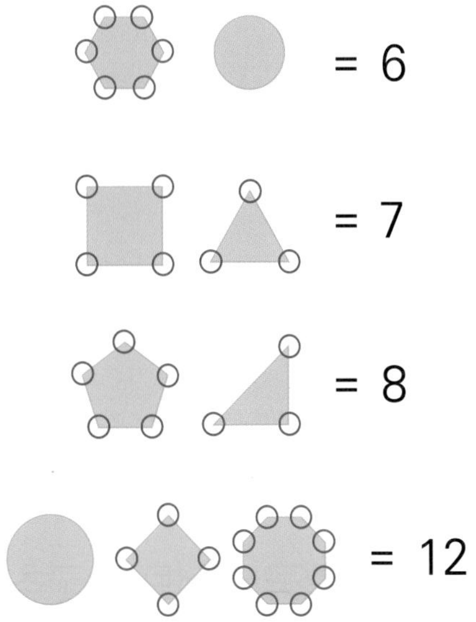

(그림)

연습문제 **09** P. 78

[정답] 탕투킷 후쿹노 너턱닉 궃추

[풀이 과정]

1) (암호 해독표)를 보고 자음과 모음에 해당하는 암호로 각각 바꿔서 적습니다.

암호	ㅇ	ㅈ	ㅊ	ㅋ	ㅌ	ㅍ	ㅎ
해독	ㄱ	ㄴ	ㄷ	ㄹ	ㅁ	ㅂ	ㅅ

암호	ㄱ	ㄴ	ㅜ	ㅣ	ㅓ	ㅗ	ㅏ
해독	ㅍ	ㅇ	ㅏ	ㅡ	ㅜ	ㅣ	ㅗ

(암호 해독표)

2) 따라서 (정답)과 같이 속담을 암호로 바꿔 적을 수 있습니다.

목마른 사람이 우물을 판다.

↓

탕투킷 후쿹노 너턱닉 궃추

(정답)

연습문제 **10** P. 78

[정답] 풀이 과정 참조

[풀이 과정]

1) <암호 해독표>를 보면 각 자음과 모음을 ㅂ ⇒ 1㉠, ㅏ ⇒ 2㉠ 으로 나타내고 있습니다.

2) 자음과 모음을 <암호 해독표>에서 찾아 암호로 바꾸면 (정답)과 같습니다.

	㉠	㉡	㉢
1	ㅂ	ㅅ	ㄹ
2	ㅏ	ㅓ	ㄱ
3	ㅣ	ㅗ	ㅁ

(암호 해독표)

로봇

→ 1㉢3㉡1㉠3㉡1㉡

김밥

→ 2㉢3㉠3㉢1㉠2㉠1㉠

서랍

→ 1㉡2㉡1㉢2㉠1㉠

(정답)

연습문제 **11** P. 79

[정답] 풀이 과정 참조

[풀이 과정]

1) 빨간색 상자는 안쪽 도형의 크기가 커지면서 안쪽 도형과 바깥쪽 도형의 위치가 서로 바뀝니다.

파란색 상자는 좌우로 대칭으로 모양이 바뀝니다.

초록색 상자는 안쪽 도형의 색과 바깥쪽 도형의 색이 서로 바뀝니다.

2) 따라서 주어진 도형을 빨간색, 초록색, 파란색 상자 순서대로 넣었을 때 (정답)과 같은 도형이 나옵니다.

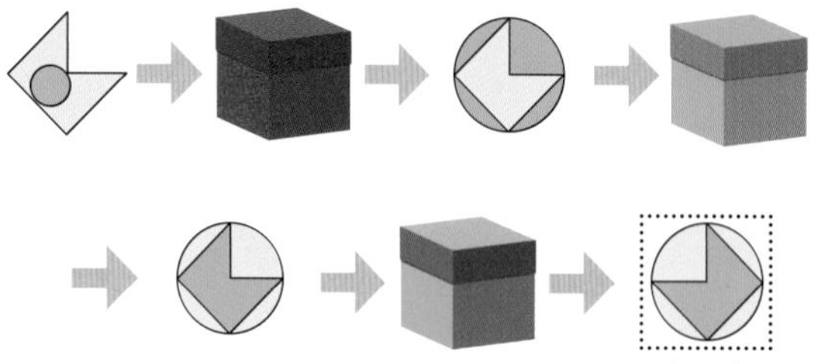

(정답)

연습문제 **12** ······························ P. 79

[정답] 풀이 과정 참조

[풀이 과정]

1) 주어진 (예시)를 보고 (암호 해독표)의 빈칸을 모두 채울 수 있습니다.

1478 2440 → NOTE BOOK
5896 38 → HELP ME

(예시)

암호	1	2	3	4	5	6	7	8	9	0
해독	N	B	M	O	H	P	T	E	L	K

(암호 해독표)

2) 따라서 (암호 해독표)에서 암호를 찾아 해독하면 (정답)과 같습니다.

54789 → HOTEL

684698 → PEOPLE

(정답)

심화문제 **01** ······························ P. 80

[정답] 

[풀이 과정]

1) (그림)과 같이 각 숫자와 덧셈과 뺄셈이 적혀있는 칸의 테두리의 모양이 암호입니다.

2) 주어진 <예시>를 해독하면 1 + 6 - 2 = 5이고 5 - 4 + 3 = 4입니다.

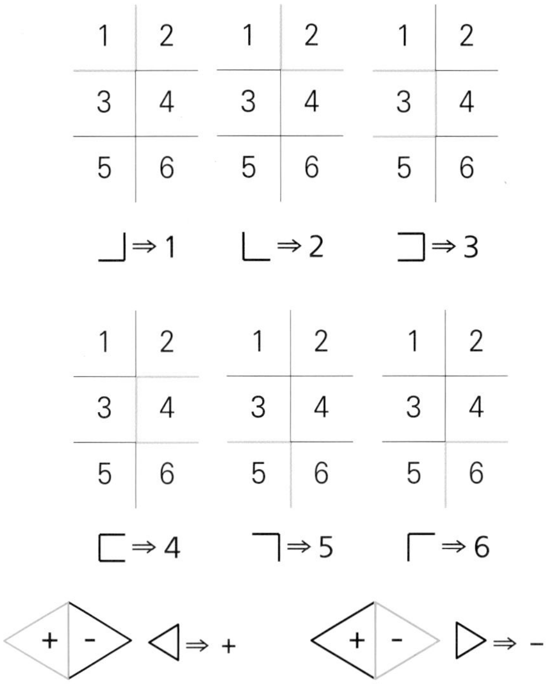

(그림)

3) 주어진 식을 해독하면 6 + 1 - 3 + 4 - 5이므로 계산한 값은 3입니다. 따라서 (정답)과 같이 암호 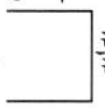 를 그려야 합니다.

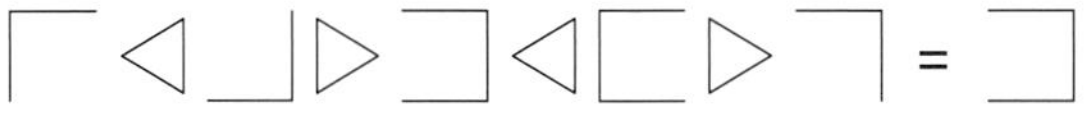

(정답)

심화문제 **02** ······························ P. 81

[정답] 풀이 과정 참조

[풀이 과정]

1) 주어진 알파벳 모스부호 표를 보고 (정답)과 같이 LOVE와 WISH를 각각 모스부호로 바꿔 적습니다.

LOVE → ●—●●———●●●—●

WISH → ●——●●●●●●●●●

(정답)

심화문제 03 .... P. 82

[정답] 122023

[풀이 과정]

1) (그림)과 같이 각 점에 연결된 선의 개수를 각각 구한 후, 파란색 선과 같이 시계 방향으로 수를 적습니다.

2) 따라서 (정답)과 같이 각 점에 연결된 선의 개수는 각각 1, 2, 3, 2, 0, 2, 3이므로 시계 방향으로 수를 적으면 122023입니다.

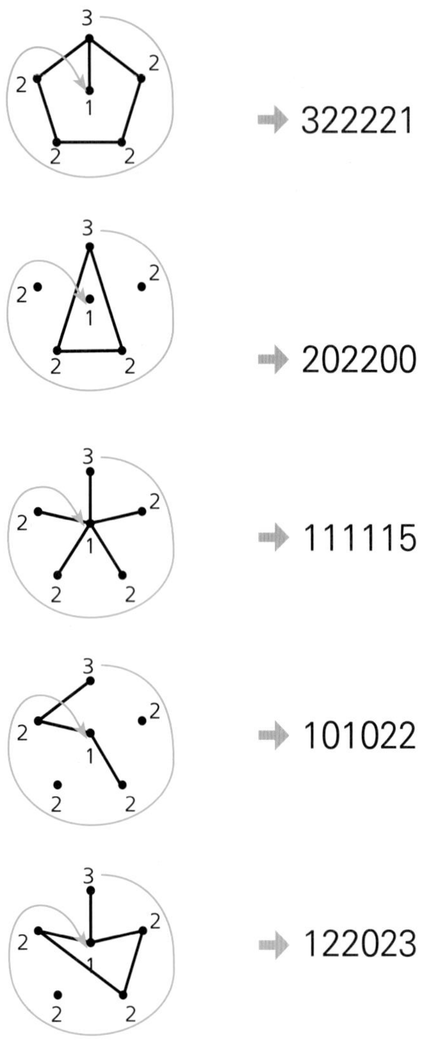

(정답)

심화문제 04 .... P. 83

[정답] 63

[풀이 과정]

1) (그림)의 첫 번째 도형에서 ● 4개가 4와 같으므로 ● 1개는 1과 같습니다.

두 번째 도형에서 ● 2개와 ▲ 1개가 7이므로 ▲ 1 개는 7 - 2 = 5와 같습니다.

세 번째와 네 번째 도형에서 파란색 삼각형 안에 있는 ●은 10배가 된 것과 같습니다.

2) (정답)에서 파란색 삼각형 안에 각각 ▲ 와 ● 가 있으므로 50 + 10 = 60이 됩니다. 나머지 삼각형에 ● 3개가 있으므로 3이 됩니다. 따라서 물음표에 들어갈 수는 63입니다.

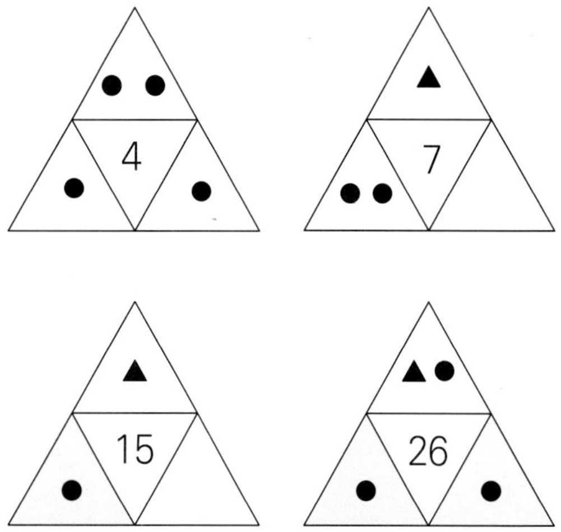

(그림)

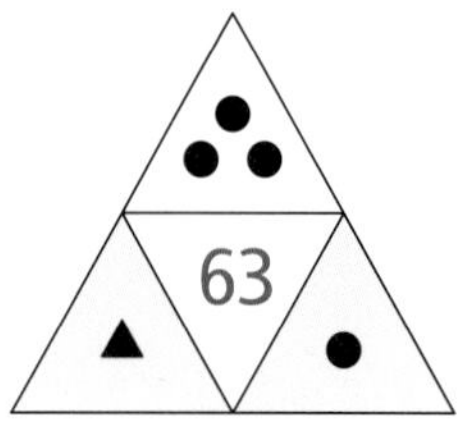

(정답)

창의적문제해결수학 **01** P. 84

[정답] 너는 지금 뭐해 난 공부 중이야

[풀이 과정]

1) 버튼을 두 번 누르면 그 다음 자음 또는 모음이 나오게 됩니다.
2) 따라서 (정답)과 같이 무우가 누른 버튼의 순서를 보고 알맞은 문장을 찾을 수 있습니다.

56 5225 *2 1227

ㄴ ㅓ ㄴ ㅡ ㄴ ㅈ ㅣ ㄱ ㅡ ㅁ

7#6 0032

ㅁ ㅜ ㅓ ㅎ ㅐ

➡ 너는 지금 뭐해

535 190 8# *#0

ㄴ ㅏ ㄴ ㄱ ㅗ ㅇ ㅂ ㅜ ㅈ ㅜ ㅇ

02 033

ㅇ ㅣ ㅇ ㅑ

➡ 난 공부 중이야

(정답)

창의적문제해결수학 **02** P. 85

[정답] 풀이 과정 참조

[풀이 과정]

1) 화살표가 나타내는 숫자만큼 방향에 맞게 선을 그리는 규칙입니다. (그림 1, 2)와 같이 출발점이 (정답)과 다를 경우 주어진 선을 모두 지도 위에 그릴 수 없습니다.
2) 따라서 (정답)과 같이 화살표 방향에 맞게 선을 그려 출발점과 도착점을 지도 안에서 찾을 수 있습니다.

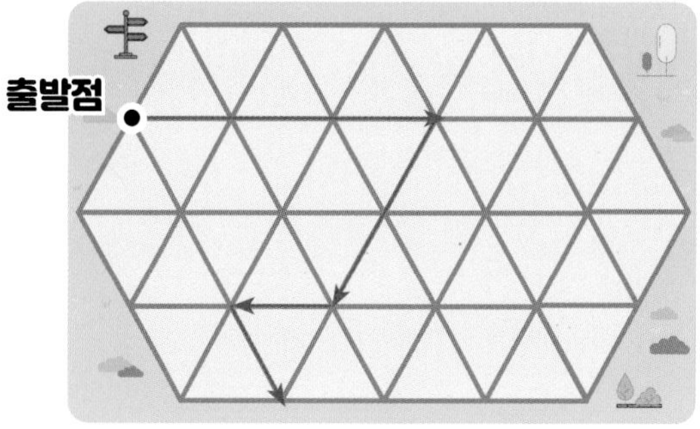

(그림 1)

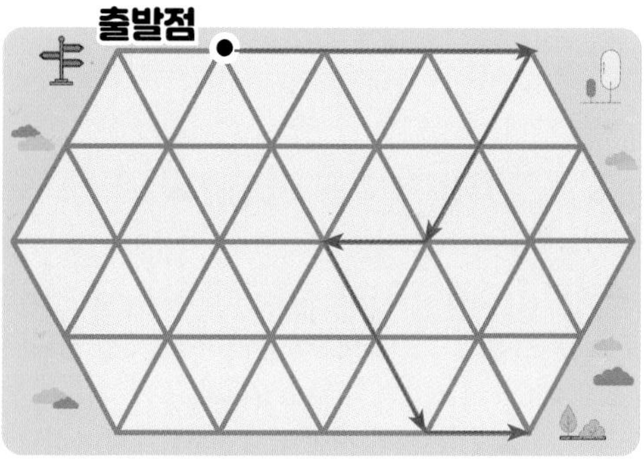

(그림 2)

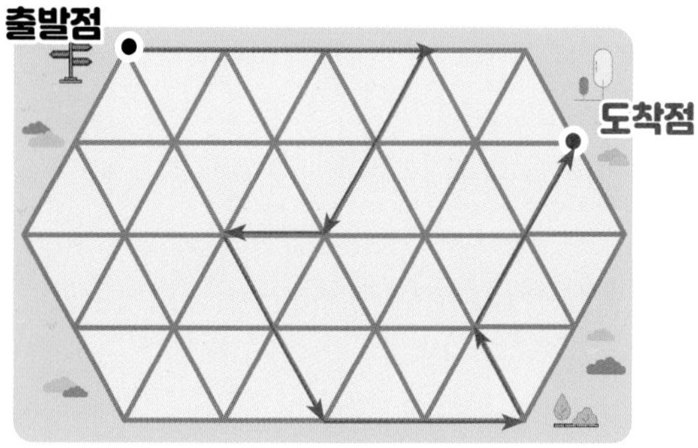

(정답)

5. 새로운 연산 기호

대표문제 확인하기 1 P. 91

[정답] ㉡ = 5, 15

[풀이 과정]

1) ㉠ = 10 일 때, ㉠ ● ㉡ = (10 과 ㉡ 의 차) × 4 = 20입니다. 5 × 4 = 20 이므로 (10 과 ㉡ 의 차) = 5가 되어야 합니다. 10과 차가 5가 되는 수는 5와 15입니다.

3) 따라서 ㉡ 이 될 수 있는 수는 5와 15입니다. (정답)

대표문제 확인하기 2 P. 91

[정답] 6

[풀이 과정]

1) (7 ▲ 2) △ 9 에서 괄호 안에 있는 7 ▲ 2이므로 7 에서 2를 3번 뺍니다.
7 ▲ 2 = 7 - 2 - 2 - 2 = 1입니다.

2) (7 ▲ 2) △ 9 = 1 △ 9 이므로 9에서 1을 3번 뺍니다.
1 △ 9 = 9 - 1 - 1 - 1 = 6입니다.
따라서 (7 ▲ 2) △ 9의 계산 결과는 6입니다. (정답)

대표문제 확인하기 1 P. 93

[정답] 15

[풀이 과정]

1) (표)와 같이 기호 ● 에 주어진 두 수의 합, 차, 곱을 각각 구합니다.

주어진 수	합	차	곱
1, 8	1 + 8 = 9	8 - 1 = 7	1 × 8 = 8
4, 7	4 + 7 = 11	7 - 4 = 3	4 × 7 = 28
3, 5	3 + 5 = 8	5 - 3 = 2	3 × 5 = 15
5, 9	5 + 9 = 14	9 - 5 = 4	9 × 5 = 45

(표)

2) 계산 결과가 21, 9, 6, 3이 되기 위해서 (표)에서 차의 결과 값에 3을 곱하면 됩니다.
1 ● 8 = (8 - 1) × 3 = 21
4 ● 7 = (7 - 4) × 3 = 9
3 ● 5 = (5 - 3) × 3 = 6
5 ● 9 = (9 - 5) × 3 = 12
㉠ ● ㉡ = (㉠ 과 ㉡ 의 차) × 3입니다.

3) 위 규칙에 따라 (11 ● 15) ● 17 에서 괄호 안을 먼저 계산합니다.
11 ● 15 = (15 - 11) × 3 = 4 × 3 = 12입니다.
이어서 12 ● 17 = (17 - 12) × 3 = 5 × 3 = 15입니다.
따라서 (11 ● 15) ● 17의 계산 결과는 15입니다. (정답)

대표문제 확인하기 2 P. 93

[정답] 5 ● ○ ○ = 4

[풀이 과정]

1) 8○○ = 2에서 8 보다 작은 수인 2가 나옵니다.
8 - 3 - 3 = 2 으로 ○의 규칙은 3만큼 빼는 것입니다.

2) (8○) ● = 10와 (8●) ○ = 10에 각각 ○의 규칙을 적습니다.
(8 - 3) ● = 10에서 5● = 10 이 되므로
●의 규칙은 + 5 또는 × 2입니다.
(8●) - 3 = 10에서 ●에 + 5와 × 2중 + 5를 넣었을 때
(8 + 5) - 3 = 10 으로 만족합니다.
● 의 규칙은 5만큼 더하는 것입니다.

3) 따라서 ○ 와 ● 의 규칙에 따라 5 ● ○ ○ 를 계산하면
5 + 5 - 3 - 3 = 4가 됩니다. (정답)

연습문제 01 P. 94

[정답] ㉡ = 9

[풀이 과정]

1) ㉠ = 7 일 때, ㉠▩㉡ = (7 과 ㉡ 의 합) + (7 과 ㉡ 의 차) = 18입니다. 만약 7이 ㉡보다 크다면,

(7 + ㉡) + (7 − ㉡) = 14가 됩니다.

계산 결과가 18이 아니므로 7은 ㉡보다 크지 않습니다.

2) ㉡이 7보다 크므로 (7 + ㉡) + (㉡ − 7) = ㉡ + ㉡이 됩니다.

㉡ + ㉡ = 18 이므로 ㉡ = 9입니다. (정답)

연습문제 02 P. 94

[정답] 23

[풀이 과정]

1) (표)와 같이 기호 ★에 주어진 두 수의 합, 차, 곱을 각각 구합니다.

주어진 수	합	차	곱
3, 2	3 + 2 = 5	3 − 2 = 1	3 × 2 = 6
7, 3	7 + 3 = 10	7 − 3 = 4	7 × 3 = 21
4, 8	4 + 8 = 12	8 − 4 = 4	8 × 4 = 32
10, 1	10 + 1 = 11	10 − 1 = 9	10 × 1 = 10

(표)

2) 계산 결과가 1, 16, 32, 10이 되기 위해서 (표)에서 곱의 결과값에 5를 빼면 됩니다.

3 ★ 2 = (3 × 2) − 5 = 1

7 ★ 3 = (7 × 3) − 5= 16

4 ★ 8 = (4 × 8) − 5 = 27

10 ★ 1 = (10 × 1) − 5 = 5

3) 위 규칙에 따라 4 ★ (2 ★ 6) 에서 괄호 안을 먼저 계산합니다.

2 ★ 6 = (2 × 6) − 5 = 12 − 5 = 7입니다.

이어서 4 ★ 7 = (4 × 7) − 5 = 28 − 5 = 23입니다.

4) 4 ★ (2 ★ 6) 의 계산 결과는 23입니다. (정답)

연습문제 03 P. 95

[정답] 54

[풀이 과정]

1) (2 △ 3) ▲ 5 에서 괄호 안에 있는 2 △ 3부터 기호 △에 따라 계산합니다.

2 △ 3 = (2 × 3) + 3 = 6 + 3 = 9입니다.

2) 이어서 9 ▲ 5 = (9 × 5) + 9 = 45 + 9 = 54입니다.

따라서 (2 △ 3) ▲ 5의 계산 결과는 54입니다. (정답)

연습문제 04 P. 95

[정답] 상상

[풀이 과정]

1) (표)와 같이 기호 ☆ 에 주어진 두 수의 합, 차, 곱을 각각 구합니다.

주어진 수	합	차	곱
6, 7	6 + 7 = 13	7 − 6 = 1	6 × 7 = 42
9, 5	9 + 5 = 14	9 − 5 = 4	9 × 5 = 45
8, 3	8 + 3 = 11	8 − 3 = 5	8 × 3 = 24
2, 10	2 + 10 = 12	10 − 2 = 8	2 × 10 = 20

(표)

2) 계산 결과가 10, 11, 8, 9가 되기 위해서 (표)에서 합의 결과값에 3을 빼면 됩니다.

6 ☆ 7 = (6 + 7) − 3 = 10

9 ☆ 5 = (9 + 5) − 3 = 11,

8 ☆ 3 = (8 + 3) − 3 = 8

2 ☆ 10 = (2 + 10) − 3 = 9

따라서 ㉠ ☆ ㉡ = (㉠ + ㉡) − 3입니다.

3) 위 규칙에 따라 세 사람이 말한 내용 중 틀린 것을 찾습니다.

무우 : 15☆6 = (15 + 6) − 3 = 18으로 올바르게 말했습니다.

상상 : 21☆4 = (21 + 4) − 3 = 22으로 틀리게 말했습니다.

알알 : 두 수를 합한 다음 3을 뺀 규칙이므로 올바르게 말했습니다.

4) 따라서 규칙에 대해 잘못 말한 사람은 상상이입니다. (정답)

연습문제 **05** P. 96

[정답] 14

[풀이 과정]

1) (표)와 같이 기호 ▲에 주어진 두 수의 합, 차, 곱을 각각 구합니다.

주어진 수	합	차	곱
4, 2	4 + 2 = 6	4 - 2 = 2	4 × 2 = 8
3, 6	3 + 6 = 9	6 - 3 = 3	3 × 6 = 18
2, 7	2 + 7 = 9	7 - 2 = 5	2 × 7 = 14
9, 1	9 + 1 = 10	9 - 1 = 8	9 × 1 = 9

(표)

2) 계산 결과가 4, 6, 10, 16이 되기 위해서 위 (표)에서 차의 결과값에 2 를 곱하면 됩니다.

4 ▲ 2 = (4 - 2) × 2 = 4

3 ▲ 6 = (6 - 3) × 2 = 6

2 ▲ 7 = (7 - 2) × 2 = 10

9 ▲ 1 = (9 - 1) × 2 = 16

따라서 ㉠ ▲ ㉡ = (㉠ - ㉡) × 2입니다.

3) 위 규칙에 따라 2 ▲ (8 ▲ 5) ▲ 1에서 괄호 안을 먼저 계산합니다.

8 ▲ 5 = (8 - 5) × 2 = 3 × 2 = 6입니다.

2 ▲ 6 ▲ 1에서 앞의 기호 ▲부터 계산합니다.

2 ▲ 6 = (6 - 2) × 2 = 8입니다.

이어서 8 ▲ 1 = (8 - 1) × 2 = 14입니다.

따라서 2 ▲ (8 ▲ 5) ▲ 1 의 계산 결과는 14입니다. (정답)

연습문제 **06** P. 96

[정답] 3 ● ● ○ = 16

[풀이 과정]

1) 5 ○ ○ = 13에서 5 보다 큰 수인 13이 나옵니다.

따라서 5 + 4 + 4 = 13 으로 ○의 규칙은 4만큼 더하는 것입니다.

2) (5○) ● = 18과 5●○ = 14에 각각 ○의 규칙을 적습니다.

(5 + 4) ● = 18에서 9 ● = 18이 되므로 ●의 규칙은 + 9 또는 × 2입니다.

5 ●+ 4 = 14에서 ●에 + 9와 × 2 중 × 2를 넣었을 때, 5 × 2 + 4 = 14로 만족합니다.

따라서 ●의 규칙은 2만큼 곱하는 것입니다.

3) 위 ○와 ●의 규칙에 따라 3 ● ● ○를 계산하면 3 × 2 × 2 + 4 = 12 + 4 = 16이 됩니다. (정답)

연습문제 **07** P. 97

[정답] (1, 8), (2, 6), (3, 4), (4, 2), (5, 0), (0, 10)

[풀이 과정]

1) (㉠ × 2) + ㉡ = 10이 되기 위해서는 먼저 두 수를 합하여 10이 되는 경우를 모두 찾습니다. 10 = 1 + 9 = 2 + 8 = 3 + 7 = 4 + 6 = 5 + 5로 두 수를 서로 바꿔서 더해도 됩니다.

2) ㉠ = 1, 2, 3, 4를 넣었을 때, ㉠ × 2를 계산하면 각각 2, 4, 6, 8이 됩니다.

(1 × 2) + ㉡ = 10 ⇒ ㉡ = 8

(2 × 2) + ㉡ = 10 ⇒ ㉡ = 6

(3 × 2) + ㉡ = 10 ⇒ ㉡ = 4

(4 × 2) + ㉡ = 10 ⇒ ㉡ = 2

따라서 ㉠ = 1, 2, 3, 4일 때, 각각 ㉡ = 8, 6, 4, 2가 됩니다.

3) 또한, ㉠ = 5일 때, 5 × 2 = 10 이므로 ㉡ = 0이 되어야 합니다. ㉠ = 0일 때, 0 × 2 = 0이므로 ㉡ = 10이 되어야 합니다.

4) (㉠, ㉡) = (1, 8), (2, 6), (3, 4), (4, 2), (5, 0), (0, 10)이 될 수 있습니다. (정답)

연습문제 **08** P. 97

[정답] ㉠ = 6

[풀이 과정]

1) (표)와 같이 기호 ◆에 주어진 두 수의 합, 차를 각각 구합니다. 결과값이 작으므로 곱은 해당되지 않습니다.

주어진 수	합	차
10, 3	10 + 3 = 13	10 - 3 = 7
12, 5	12 + 5 = 17	12 - 5 = 7
9, 4	9 + 4 = 13	9 - 4 = 5
11, 2	11 + 2 = 13	11 - 2 = 9

(표)

2) 계산 결과가 4, 6, 10, 16이 되기 위해서 (표)에서 차의 결과값에 주어진 뒷 수를 빼거나 또는, 앞 수에서 뒷 수를 두 번 뺍니다.

10 ◆ 3 = (10 - 3) -3 = 4

12 ◆ 5 = (12 - 5) - 5 = 2

9 ◆ 4 = (9 - 4) - 4 = 1

11 ◆ 2 = (11 - 2) - 2 = 7

따라서 ㉠ ◆ ㉡ = (㉠ - ㉡) - ㉡ = ㉠ - ㉡ × 2입니다.

3) 위 규칙에 따라 21 ◆ ㉠ = 9을 계산식으로 적습니다.

21 ◆ ㉠ = 21 - ㉠ - ㉠ = 21 - ㉠ × 2 = 9입니다.

㉠ = 6일 때, 21 - 6 - 6 = 9가 됩니다.

4) 따라서 21 ◆ ㉠ = 9에서 ㉠은 6입니다. (정답)

연습문제 **09** ········· P. 98

[정답] ㉠♥㉡ = (㉠ + ㉡) × ㉠

[풀이 과정]

1) (표)와 같이 기호 ♥ 에 주어진 두 수의 합, 차, 곱을 각각 구합니다.

주어진 수	합	차	곱
5, 1	5 + 1 = 6	5 - 1 = 4	5 × 1 = 5
2, 6	2 + 6 = 8	6 - 2 = 4	2 × 6 = 12
3, 4	3 + 4 = 7	4 - 3 = 1	3 × 4 = 12
8, 1	8 + 1 = 9	8 - 1 = 7	8 × 1 = 8

(표)

2) 계산 결과가 30, 16, 21, 72가 되기 위해서 위 (표)에서 합의 결과값에 주어진 앞 수를 곱하면 됩니다.

5 ♥ 1 = (5 + 1) × 5 = 30
2 ♥ 6 = (2 + 6) × 2 = 16
3 ♥ 4 = (3 + 4) × 3 = 21
8 ♥ 1 = (8 + 1) × 8 = 72

3) 따라서 ㉠ ♥ ㉡ = (㉠ + ㉡) × ㉠입니다. (정답)

연습문제 **10** ········· P. 98

[정답] A = 12, 13

[풀이 과정]

1) (3 ★ 7) ★ 15 = 6 ★ A 에서 먼저 괄호 안에 있는 3 ★ 7 부터 기호 ★ 에 따라 적습니다. 3 ★ 7 = 4 + 6 = 10입니다. 이어서 10 ★ 15 = 10 + 12 + 14 = 36입니다.

2) 36 = 6 ★ A 이므로 6 부터 A 까지 모든 짝수의 합이 36이 되는 A를 찾습니다.

3) 6 + 8 + 10 + 12 = 36이므로 A 는 12또는 13이 될 수 있습니다. (정답)

연습문제 **11** ········· P. 99

[정답] 14

[풀이 과정]

1) (표 1)과 같이 기호 ▲에 주어진 두 수의 합, 차, 곱을 각각 구합니다.

주어진 수	합	차	곱
1, 5	1 + 5 = 6	5 - 1 = 4	1 × 5 = 5
3, 6	3 + 6 = 9	6 - 3 = 3	3 × 6 = 18
7, 2	7 + 2 = 9	7 - 2 = 5	7 × 2 = 14
8, 4	8 + 4 = 12	8 - 4 = 4	8 × 4 = 32

(표 1)

2) 계산 결과가 20, 18, 10, 16이 되기 위해서 위 (표 1)에서 차의 결과값에 주어진 뒷 수를 곱하면 됩니다.

1 ▲ 5 = (5 - 1) × 5 = 20

3 ▲ 6 = (6 - 3) × 6 = 18

7 ▲ 2 = (7 - 2) × 2 = 10

8 ▲ 4 = (8 - 4) × 4 = 16

㉠ ▲ ㉡ = (㉠ 과 ㉡ 의 차) × ㉡입니다.

3) (표 2)과 같이 기호 △ 에 주어진 두 수의 합, 차, 곱을 각각 구합니다.

주어진 수	합	차	곱
6, 7	6 + 7 = 13	7 - 6 = 1	6 × 7 = 42
4, 2	4 + 2 = 6	4 - 2 = 2	4 × 2 = 8
5, 3	5 + 3 = 8	5 - 3 = 2	5 × 3 = 15
2, 9	2 + 9 = 11	9 - 2 = 7	2 × 9 = 18

(표 2)

4) 계산 결과가 36, 4, 10, 16이 되기 위해서 위 (표 2)에서 곱의 결과값에 주어진 앞 수를 빼면 됩니다.

6 △ 7 = (6 × 7) - 6 = 36

4 △ 2 = (4 × 2) - 4 = 4

5 △ 3 = (5 × 3) - 5 = 10

2 △ 9 = (2 × 9) - 2 = 16

㉠ ▲ ㉡ = (㉠ × ㉡) - ㉠입니다.

5) 위 규칙에 따라 (3 △ 4) ▲ 7에서 괄호 안을 먼저 계산합니다.

3 △ 4 = (3 × 4) - 3 = 12 - 3 = 9입니다.

9 ▲ 7 = (9 - 7) × 7 = 2 × 7 = 14입니다.

6) 따라서 (3 △ 4) ▲ 71의 계산 결과는 14입니다. (정답)

연습문제 **12** ········· P. 99

[정답] (6 ○) ● = 10, (6 ●) ○ = 11

[풀이 과정]

1) (1 ●) ○ = 1와 (5 ●) ○ = 9을 통해 ● 의 규칙은 2만큼 곱하는 것이고, ○ 의 규칙은 1만큼 빼는 것임을 알 수 있습니다.

따라서 (1 × 2) - 1 = 1과 (5 × 2) - 1 = 9가 됩니다.

또한, (3 ○) ● = (3 - 1) × 2 = 4으로 만족합니다.

2) 따라서 (6 ○) ● = (6 - 1) × 2 = 10이고 (6 ●) ○ = (6 × 2) - 1 = 11입니다. (정답)

5 정답 및 풀이

심화문제 01 P. 100

[정답] (㉠, ㉡) = (0, 1), (1, 0)

[풀이 과정]

1) ㉠★㉡ = ㉡★㉠ 의 식을 적습니다.

(㉠ × ㉠) + ㉡ = (㉡ × ㉡) + ㉠입니다.

㉠과 ㉡은 0부터 9까지 서로 다른 한 자리 수입니다.

ⅰ. 먼저 ㉠ = 0일 때, 0 × 0 + ㉡ = (㉡ × ㉡) + 0이므로 ㉡ × ㉡ = ㉡이 되는 ㉡은 0또는 1이 있습니다. 이 중 ㉡ = 0은 같은 수이므로 ㉡ = 1입니다.

따라서 (㉠, ㉡) = (0, 1)입니다.

ⅱ. ㉠ = 1 일 때, 1 × 1 + ㉡ = (㉡ × ㉡) + 1이므로 ㉡은 0 또는 1 이 있습니다. 이 중 ㉡ = 1은 같은 수이므로 ㉡ = 0입니다.

따라서 (㉠, ㉡) = (1, 0)입니다.

ⅲ. ㉠ 이 2부터 9까지 수 중 하나일 때, ㉠★㉡ = ㉡★㉠을 만족하는 (㉠, ㉡)을 찾을 수 없습니다.

2) 따라서 ㉠★㉡ = ㉡★㉠을 만족하는 (㉠, ㉡)은 (0, 1)과 (1, 0)입니다. (정답)

심화문제 02 P. 100

[정답] 56

[풀이 과정]

1) 주어진 (보기)에서 △△ 와 ○○ 와 같이 도형을 일렬로 놓았을 때, 두 수의 곱을 나타냅니다. △△ = 9이므로 3 × 3 = 9입니다. 따라서 △ = 3입니다. ○○ = 4이므로 2 × 2 = 4입니다. 따라서 ○ = 2입니다.

2) 주어진 (보기)에서 ◎ = 4이므로 ○ + ○ = 2 + 2 = 4입니다.

또한, (△ 안에 △) = 6이므로 △ + △ = 3 + 3 = 6입니다.

(△ 안에 ○) = 5이므로 ○ + △ = 2 + 3 = 5입니다.

따라서 도형 안에 도형이 있으면 각 도형이 나타내는 수를 더하면 됩니다.

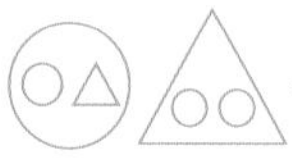

(그림)

3) (그림)에서 원과 삼각형 안에 있는 도형을 먼저 계산을 합니다. ○△ = ○ × △ = 2 × 3 = 6이고 ○○ = 2 × 2 = 4입니다. 각 도형 안에 도형끼리 계산하면 (○ 안에 ○△) 은 2 + 6 = 8이 되고 (△ 안에 ○○) 은 3 + 4 = 7이 됩니다.

4) 따라서 (○ 안에 ○△)(△ 안에 ○○) 이 일렬로 놓여 있으므로 두 수를 곱하여 8 × 7 = 56이 됩니다. (정답)

심화문제 03 P. 101

[정답] ㉠ = 54, ㉡ = 63

[풀이 과정]

1) 수 상자에 홀수 1, 3, 5를 넣었을 때, 나오는 수는 각각 3, 5, 7씩 곱한 수입니다.

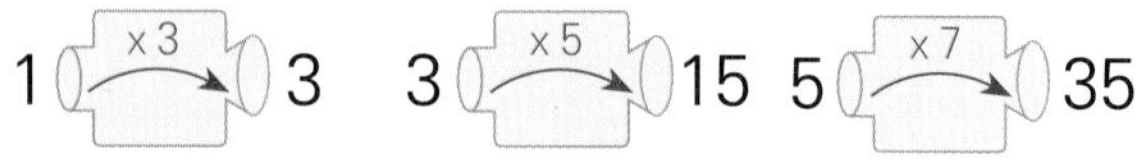

또한 1 ⇒ 1 × (1 + 2) = 3, 3 ⇒ 3 × (3 + 2) = 15

5 ⇒ 5 × (5 + 2) = 35와 같이

홀수 A일 때, 나오는 수는 A × (A + 2)가 됩니다.

2) 수 상자에 짝수 2, 4를 넣었을 때, 나오는 수는 각각 5, 7씩 곱한 수입니다.

또한, 2 ⇒ 2 × (2 + 3) = 10, 4 ⇒ 4 × (4 + 3) = 28와 같이 짝수 B일 때, 나오는 수는 B × (B + 3)이 됩니다.

3) 짝수 6을 넣었을 때, 나오는 수는 6 × (6 + 3) = 6 × 9 = 54입니다.

홀수 7을 넣었을 때, 나오는 수는 7 × (7 + 2) = 7 × 9 = 63입니다.

따라서 ㉠ = 54, ㉡ = 63입니다. (정답)

심화문제 04 P. 101

[정답] ㉠ = 3, ㉡ = 8

[풀이 과정]

1) (6■) △ = 18과 (6△) ■ = 15를 통해 ■와 △ 중 하나는 곱셈입니다.

ⅰ. (6△) ■ = 15에서 △의 규칙이 × 1일 때, 식은 (6 × 1) ■ = 15 이므로 ■의 규칙은 + 9가 됩니다. 하지만 (6■) △ = 18에서 △와 ■의 규칙을 만족하지 않습니다.

ⅱ. (6△) ■ = 15에서 △의 규칙이 × 2일 때, 식은 (6 × 2) ■ = 15이므로 ■의 규칙은 + 3이 됩니다. (6■) △ = 18 에 △와 ■을 각각 적으면 (6 + 3) × 2 = 18으로 만족합니다. 마지막 (7□) △ = 6 에 △를 각각 적으면 (7□) × 2 = 6으로 7□ = 3입니다. □의 규칙은 − 4가 됩니다.

2) 따라서 △의 규칙은 × 2, ■의 규칙은 + 3, □의 규칙은 − 4입니다.

3) 9 ■ = ㉠ △ △ = (㉡ △) □ 을 위 △, ■, □의 규칙에 따라 식을 적습니다.

9 ■ = 9 + 3 = 12,
㉠ △ △ = ㉠ × 2 × 2 입니다.
(㉡ △) □ = (㉡ × 2) - 4
㉠ × 2 × 2 = 12가 되어야 하므로 ㉠ = 3입니다.
(㉡ × 2) - 4 = 12가 되어야 하므로 ㉡ = 8입니다.

4) 따라서 ㉠ = 3, ㉡ = 8입니다. (정답)

창의적문제해결수학 01 P. 102

[정답] 출발점 : ㉣, 도착점 : D

[풀이 과정]

1) ㉠ ◈ ㉡일 때, 기호 ◈의 규칙은 ㉠에서 ㉡을 뺄 수 없을 때까지 뺀 결과값입니다.
예를 들어, 7 ◈ 2 = 7에서 2를 뺄 수 없을 때까지 빼면 7 - 2 - 2 - 2 = 1이 됩니다. 마찬가지로 8 ◈ 4 = 8 - 4 - 4 = 0이 됩니다.

2) 주어진 11 ◈ 2부터 차례대로 기호 ◈의 규칙에 따라 결과값을 적습니다.

11 ◈ 2 = 11 - 2 - 2 - 2 - 2 - 2 = 1
⇒ 15 ◈ 4 = 15 - 4 - 4 - 4 = 3
⇒ 17 ◈ 8 = 17 - 8 - 8 = 1
⇒ 10 ◈ 3 = 10 - 3 - 3 - 3 = 1
⇒ 20 ◈ 9 = 20 - 9 - 9 = 2
⇒ 13 ◈ 10 = 13 - 10 = 3
⇒ 16 ◈ 4 = 16 - 4 - 4 - 4 - 4 = 0
⇒ 19 ◈ 7 = 19 - 7 - 7 = 5

따라서 규칙에 맞게 계산하면
1⇒3⇒1⇒1⇒2⇒3⇒0⇒5 순서대로 이동해야 합니다.

3) 또는 ㉠ ◈ ㉡은 ㉠ ÷ ㉡의 나머지값 입니다.

4) (정답)과 같이 차례대로 선을 연결하면 출발점은 ㉣이고 도착점은 D입니다.

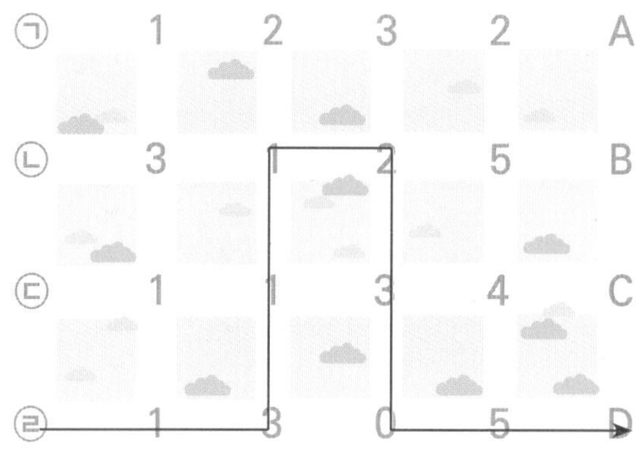

(정답)

창의적문제해결수학 02 P. 103

[정답] 25분, 89위안

[풀이 과정]

1) 1 ◀ = 4, 2 ◀ = 7, 3 ◀ = 10, 4 ◀ = 13 에서 기호 ◀의 규칙을 먼저 찾습니다.
1, 2, 3, 4를 넣었을 때, 나오는 수는 각각 3, 5, 7, 9씩 더한 수입니다.
또한, 1 ⇒ 1 × 3 + 1 = 4,
2 ⇒ 2 × 3 + 1 = 7,
3 ⇒ 3 × 3 + 1 = 10,
4 ⇒ 4 × 3 + 1 = 13 와 같이 A를 넣을 때, 나오는 수는 A × 3 + 1이 됩니다.

2) 기호 ▼ 의 규칙은 ㉠ ▼ ㉡ = ㉠ × ㉠ + ㉡입니다.
예를 들어 1 ▼ 4 = 1 × 1 + 4 = 5,
2 ▼ 7 = 2 × 2 + 7 = 11,
3 ▼ 10 = 3 × 3 + 10 = 19입니다.

3) 8잔의 음료이므로 걸리는 시간은
8 ◀ = 8 × 3 + 1 = 25분이 걸립니다.
음료의 판매 가격은
8 ▼ 25 = 8 × 8 + 25 = 64 + 25 = 89위안입니다. (정답)

MEMO

영재들의 Math Travel
수학여행

창의영재수학

아이앤아이

무한상상

무한상상 카페 cafe.naver.com/creativeini

창의영재수학

아이앤아이

무한상상 교재 활용법

무한상상은 상상이 현실이 되는 차별화된 창의교육을 만들어갑니다.

아이앤아이 시리즈

특목고, 영재교육원 대비서

	아이앤아이 영재들의 수학여행	아이앤아이 꾸러미	아이앤아이 꾸러미 120제	아이앤아이 꾸러미 48제	아이앤아이 꾸러미 과학대회	창의력과학 아이앤아이 I&I
	수학 (단계별 영재교육)	수학, 과학	수학, 과학	수학, 과학	과학	과학
6세~초1	출시 예정 수, 연산, 도형, 측정, 규칙, 문제해결력, 워크북 (7권)					
초 1~3	 수와 연산, 도형, 측정, 규칙, 자료와 가능성, 문제해결력, 워크북 (7권)		 수학, 과학 (2권)	 수학, 과학 (2권)		
초 3~5	출시 예정 수와 연산, 도형, 측정, 규칙, 자료와 가능성, 문제해결력 (6권)				 과학토론 대회, 과학산출물 대회, 발명품 대회 등 대회 출전 노하우	
초 4~6	출시 예정 수와 연산, 도형, 측정, 규칙, 자료와 가능성, 문제해결력 (6권)					
초 6						
중등	출시 예정 수와 연산, 도형, 측정, 규칙, 자료와 가능성, 문제해결력 (6권)		 수학, 과학 (2권)	 수학, 과학 (2권)	 과학토론 대회, 과학산출물 대회, 발명품 대회 등 대회 출전 노하우	 물리(상,하), 화학(상,하), 생명과학(상,하), 지구과학(상,하) (8권)
고등						